온라인 소통을 위한
디지털
활용법

발행일 2021년 3월 25일

저 자 홍숙영, 유승호
발행인 모흥숙

발행처 내하출판사
주 소 서울 용산구 한강대로 104 라길 3
전 화 TEL : (02)775-3241~5
팩 스 FAX : (02)775-3246

E-mail naeha@naeha.co.kr
Homepage www.naeha.co.kr

ISBN 978-89-5717-536-1 (93560)
정 가 20,000원

온라인 자료
공유 플랫폼
"입문부터 전문가까지 한권으로 끝내는
디지털 활용법의 모든것!!!"
온라인 소통을 위한
디지털
활용법
구글 캘린더의
효율적인 활용
홍숙영 · 유승호 공저
회의 플랫폼의
효율적인 사용법
성공적인
온라인 프레젠테이션
내하출판사
Digital Use for Online Communication

피할 수 없는 온라인 소통,
디지털 활용법을 익혀야 살아남는다!

짧은 시간 동안 참 많은 것들이 바뀌었습니다. 2020년, 세계 곳곳에서 발생한 코로나19가 우리의 삶 전체를 바꿀 것이라고는 아무도 생각하지 못했습니다. 우리의 삶은 코로나19 팬데믹 이전과 이후로 극명하게 나뉘게 되었습니다.

직장인은 전쟁터처럼 촌각을 다투며 출근 준비를 하던 일상에서 벗어나게 되었고, 방 한 곳을 차지하던 책상은 일터로 탈바꿈했습니다. 대면 중심이던 소통은 메신저와 화상 회의를 하며 온라인으로 자리를 옮겼습니다.

업무뿐만이 아닙니다. 2020년 새 학기, 새 친구와의 만남을 손꼽아 기다리던 학생들은 학교가 아닌 온라인 공간에서 친구를 만났습니다. 감염병 예방과 사회적 거리두기로 외부에서의 모임이 어려워지자 사람들은 온라인에서 모임을 갖기 시작하였습니다. 이렇듯 온라인을 통한 비대면 소통은 어느새 우리 일상 속에 녹아들었습니다.

백신 접종이 본격적으로 시작되면서 많은 사람들이 코로나19 종식 이후의 삶을 그리지만 우리가 앞으로 맞이하는 하루는 분명 과거와는 달라질 것입니다. 기업에서는 재택과 원격근무가 자리를 잡을 것이고 온라인상의 회의와 토론, 프레젠테이션이 일상화될 것입니다.

교육 현장에서도 황사와 미세먼지, 폭설이나 폭우 혹은 다른 이름의 전염병이 발생해 등교가 불가능한 상황에서 온라인 수업은 더욱 활발하게 이용될 것으로 예상됩니다.

비대면 온라인 소통이 피할 수 없는 대세가 된 가운데 이 책은 온라인 커뮤니케이션을 보다 효과적으로 할 수 있도록 안내하는 길잡이 역할을 하고자 합니다. 이를 위해 온라인 플랫폼, 회의 툴, 자료 공유 플랫폼, 일정관리 프로그램 등 디지털 도구를 소개하고 활용하는 방법을 담았습니다. 이와 함께 온라인 회의 전략, 피드백, 온라인 프레젠테이션, 토론 기법 등 온라인 소통 전략과 에티켓, 그리고 저작권에 대해서도 다뤘습니다.

온라인 소통을 시작하고 싶지만 어디서 어떤 방식으로 해야 할지 막막한 독자들이 이 책을 통해 온라인 소통의 강자로 거듭나기를 바랍니다.

2021년 3월

저자 홍숙영 · 유승호

▶ Contents ◀

▶ Contents ◀

03 온라인 자료 공유와 클라우드

04 효과적인 피드백

▶ Contents ◀

05 온라인 일정관리 프로그램

06 온라인 매너와 에티켓

07 온라인 프레젠테이션

08 온라인 토론

▶ Contents ◀

09 저작권의 이해

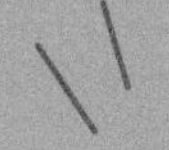

Chapter 01

온라인 플랫폼의 종류와 특징

1 플랫폼의 이해

1 플랫폼의 개념

스마트폰이 등장하고 가장 많이 듣게 된 단어 가운데 하나가 바로 플랫폼이다. 플랫폼은 원래 기차를 타고 내리는 곳을 뜻한다. '표를 사서 기차를 타기 위해 플랫폼으로 향한다'라고 말할 때처럼 장소를 가리킨다. 그렇게 알고 있던 플랫폼이라는 단어가 정보화 시대에 접어들면서 누구나 다양하고 방대한 정보를 쉽게 활용하도록 정보 · 통신 시스템 환경을 구축하고 이를 개방하여 제공하는 기반 서비스라는 뜻으로 사용되고 있다. 플랫폼은 이제 다양한 분야에 보편적인 용어로 널리 통용된다.

4차 산업혁명 시대의 디지털 플랫폼은 "두 명 이상의 그룹이 상호작용하도록 만드는 디지털 기반시설"을 의미한다.[1] 공급자와 수요자를 포함한 사용자들이 참여해 각자가 원하는 가치를 교환할 수 있는 환경이자 참여자 간의 연결과 작용을 통해 진화하는 상생의 생태계이다.[2] 플랫폼은 참여자들과 함께 새로운 가치를 만들고 사용자간 활발한 움직임을 일으키는 장이며 이곳에서 발생하는 상호작용은 네트워크 효과로 이어져 시너지를 일으킨다.[3]

일반적으로 우리가 알고 있는 비즈니스 모델은 선형적인 구조를 갖는다. 제품이나 서비스의 기획과 디자인을 바탕으로 제조하고 생산해서 판매하거나 서비스를 제공하면 고객이 이를 구매하는 방식이다. 이처럼 간결하고 선형적인 구조를 지닌 기존의 모델을 파이프라인이라고 한다. 그러나 플랫폼 경제 시대에는 생산자와 소비자뿐 아니라 플랫폼이 변수로 작용한다. 게다가 생산자이자 동시에 소비자의 역할을 수행하는 사람들이 서로 만나 교류하며 예기치 않은 변화를 일으킨다. 플랫폼이 연결을 만들어내면서 다양한 통로와 방식에 의해 가치를 창출하는 사례를 쉽게 목격할 수 있다.[4]

인적 자원과 물적 자원, 데이터가 IT 기술의 도움을 받아 서로 연결되고 상호작용하며 가치를 창조하는 플랫폼인 에어비앤비, 우버, 페이스북, 아마존, 유튜브, 트위터, 핀터레스트, 인스타그램은 저마다 개성 있고 특화된 콘텐츠를 제공하여 세계 경제에 변화를 가져왔다. 우리나라에도 쿠팡, 배달의 민족, 요기요, 오늘의 집, 숨고, 당근마켓 등 쇼핑, 배달, 중고거래, 이사, 인테리어 분야에서 플랫폼이 주도하는 경제가 확산되고 있다. 외형상 단순해 보이는 플랫폼이 어느덧 산업과 경제, 사회 전반에 혁신을 일으키고 있는 것이다.

그림 1-1 배달의 민족(왼쪽) 오늘의 집(오른쪽) 앱 아이콘

2 플랫폼의 현황

플랫폼은 스마트폰의 대중화와 더불어 급성장하였으며 전 세계 사용자는 2016년 기준 22억 8천만 명으로 전년 대비 10.7% 성장한 수치다. 전문가들은 2021년에는 플랫폼 이용자가 30억 2천만 명에 이를 것으로 전망하고 있다.[5] 초고속 인터넷과 스마트폰 기술의 발전은 플랫폼 비즈니스의 급속한 성장을 가져왔다. 일상에서 우리는 물건 구매와 음식 배달, 콘텐츠 스트리밍, 차량 이용 등을 위해 수시로 플랫폼에 접속해 물건을 구매하고 음식을 배달시키며 택시를 호출한다.

이처럼 플랫폼의 시대에 접어들면서 소비와 유통의 패턴이 전환되고 있다. 디지털 플랫폼의 등장으로 이윤창출과 서비스를 제공하는 방식이 크게 변모하고 있는데 이로 인해 생겨난 새로운 경제의 형태를 플랫폼 경제라고 한다.[6]

플랫폼을 통한 공유나 협업에 있어 가장 중요한 요인 가운데 하나가 바로 신뢰이다. 비어 있는 집을 일정 기간 남에게 빌려주는 에어비앤비나 남는 시간동안 자신의 차를 이용해 다른 사람을 태워주는 우버 같은 서비스는 상대에 관한 신뢰가 없다면 불가능하다. 이것을 보장해주는 것이 바로 플랫폼이다. 플랫폼은 보험에 가입하고 지불을 보장하며 평판시스템을 도입해 신뢰를 구축한다. 이처럼 플랫폼은 유휴자원과 시설, 서비스를 제공하고 이용하는데 따르는 불안감을 해소해 주는 기능을 담당한다. 전통적 파이프라인 시스템은 품질을 보장하기 위해 통제하고 감독하는 역할을 하지만 들이는 비용에 비해 효율성이 떨어진다는 문제가 있다. 반면 디지털 기술에 기반을 둔 플랫폼은 개방적이며 누구나 자신의 목적에 맞는 사람들을 만나 원하는 재화와 서비스를 제공받을 수 있다는 점에서 보다 정확하고 신속하며 경제적이다.

그림 1-2 에어비앤비(왼쪽) 우버(오른쪽) 앱 아이콘

2 플랫폼의 종류

1 기능과 서비스에 따른 플랫폼 분류

플랫폼의 기능과 서비스의 종류에 따라 소비자 관점에서 플랫폼은 다음과 같이 유형화된다.[7]

■ 표 1.1 온라인 플랫폼의 분류[8]

대분류	중분류	소분류	대표사업자(서비스유형)
인터넷 서비스 제공	유선		SK브로드밴드, KT Olleh, LG U+, 지역케이블 등
	무선		SK, KT, LG 등
소프트웨어 플랫폼	OS	PC	MS Windows, Apple iOS 등
		모바일	구글, Android, Apple iOS등
	웹브라우저	PC	MS 익스플로러, 구글 크롬, 애플 사파리 등
		모바일	MS 익스플로러, 구글 크롬, 애플 사파리 등
검색 및 포털	검색계열(가격비교 포함)		구글, 네이버, 다음, 다나와, 에누리 등
	포털		구글, 네이버, 다음
참여형 네트워크 플랫폼	소셜 플랫폼	소셜네트워크 서비스(SNS)	블로그, 페이스북, 트위터, 인스타그램, 카카오 스토리 등
		인스턴트 메시지(IM)	카카오톡, 라인, 위챗 등
		미디어관련	Youtube, 아프리카, 다음TV 등

<table>
<tr><th>대분류</th><th>중분류</th><th>소분류</th><th>대표사업자(서비스유형)</th></tr>
<tr><td></td><td colspan="2">커뮤니티 서비스 플랫폼</td><td>인터넷 커뮤니티, 네이버(다음) 카페, Linkedin 등</td></tr>
<tr><td rowspan="3">전자상거래 플랫폼</td><td colspan="2">재화</td><td>(오픈마켓)11번가, G마켓, 옥션, 인터파크, 아마존, 알리익스프레스 등</td></tr>
<tr><td rowspan="2">문화/여가</td><td>문화</td><td>티켓링크, 맥스무비 등</td></tr>
<tr><td>여행</td><td>인터파크 투어, 프라이스라인, 익스피디아, 스카이스캐너, 호텔스닷컴 등</td></tr>
<tr><td rowspan="9">전자상거래 플랫폼</td><td rowspan="5">공유경제 및 C2C</td><td>숙박</td><td>에어비앤비, 코자자 등</td></tr>
<tr><td>운송</td><td>우버, 리프트, 티콜 등</td></tr>
<tr><td>재화 및 서비스</td><td>테스크레빗, 열린옷장, 키플 등</td></tr>
<tr><td>금융</td><td>킥스타터, 텀블벅(크라우드펀딩), 8퍼센트(P2P대출 등)</td></tr>
<tr><td>C2C거래</td><td>중고나라, 헬로마켓, 기타 에스크로 시스템</td></tr>
<tr><td rowspan="4">O2O</td><td>외식배달</td><td>배달의 민족, 배달통, 요기요 등</td></tr>
<tr><td>부동산 및 전문서비스</td><td>(부동산) 직방, 다방 등
(변호사 및 보험중개) 헬프미, 마이리얼프랜 등</td></tr>
<tr><td>교통 및 운송</td><td>카카오택시, T맵택시, 비클, 카카오대리운전 등</td></tr>
<tr><td>기타(청소, 주차, 세차 등)</td><td>홈클, 아이파크, 세차왕, yap, 시럽오더 등</td></tr>
</table>

대분류	중분류	소분류	대표사업자(서비스유형)
	디지털 콘텐츠	ebook 업체	북큐브, Yes24, 알라딘, 교보문고, 네이버북스, 카카오페이지 등
		동영상 제공	IPTV, 넷플릭스 등
		음악 제공	iTunes, 버거스뮤직, 카카오뮤직, 멜론 등
		앱마켓	구글 구글플레이, 애플 앱스토어, SK원스토어, 아마존 앱스토어 등
결제 및 금융 관련 플랫폼	결제중개	PG사, VAN사	KG이니시스, KCP, NICE 등
	핀테크 관련	간편결제	페이코, 페이나우, 카카오페이, 페이팔, 삼성페이, 알리페이
		전자지갑	TOSS, 뱅크월렛카카오

인터넷 서비스 제공 플랫폼(ISP)

인터넷 서비스 제공 플랫폼은 기술적 성격을 강하게 띠며 인터넷 사업자와 케이블 사업자가 여기에 해당한다. 플랫폼 운영자는 중개자라기보다는 유무선 인터넷 망 서비스를 제공하며 해당 망을 이용하는 사용자와 계약 관계에 따른 거래이기 때문에 양면시장의 속성을 지닌 중개를 하지 않는다. 이런 이유로 플랫폼 유형에서 인터넷 서비스 제공 플랫폼은 제외되기도 한다.

그림 1-3 SK브로드밴드 공식 홈페이지 메인

그림 1-4 KT 공식 홈페이지 메인

소프트웨어 플랫폼

소프트웨어 플랫폼은 인터넷을 이용하기 위해 컴퓨터와 모바일, 스마트기기를 작동시키고 인터넷에 접속하거나 활용하기 위해 이용된다. OS플랫폼은 소프트웨어가 제 기능을 발휘하도록 작용하는 운영체제이다. 윈도우즈를 제공하는 MS와 맥OS, iOS를 제공하는 애플, 모바일 기기 운영체제 중 하나인 안드로이드를 제공하는 구글 등을 포함한다.

검색 및 포털 플랫폼

검색 및 포털 플랫폼은 소비자가 원하는 정보와 서비스를 연결하는 검색기능이 있으며, 다양한 정보와 뉴스를 모아 보여주는 포털의 기능을 담당한다. 포털 플랫폼은 자체적으로 콘텐츠를 보유하기도 하지만 콘텐츠와 정보, 타 사이트로의 링크 연계, 거래 연결과 같은 중개역할도 수행한다. 네이버, 다음, 구글 등은 검색엔진이자 포털 플랫폼에 포함된다.

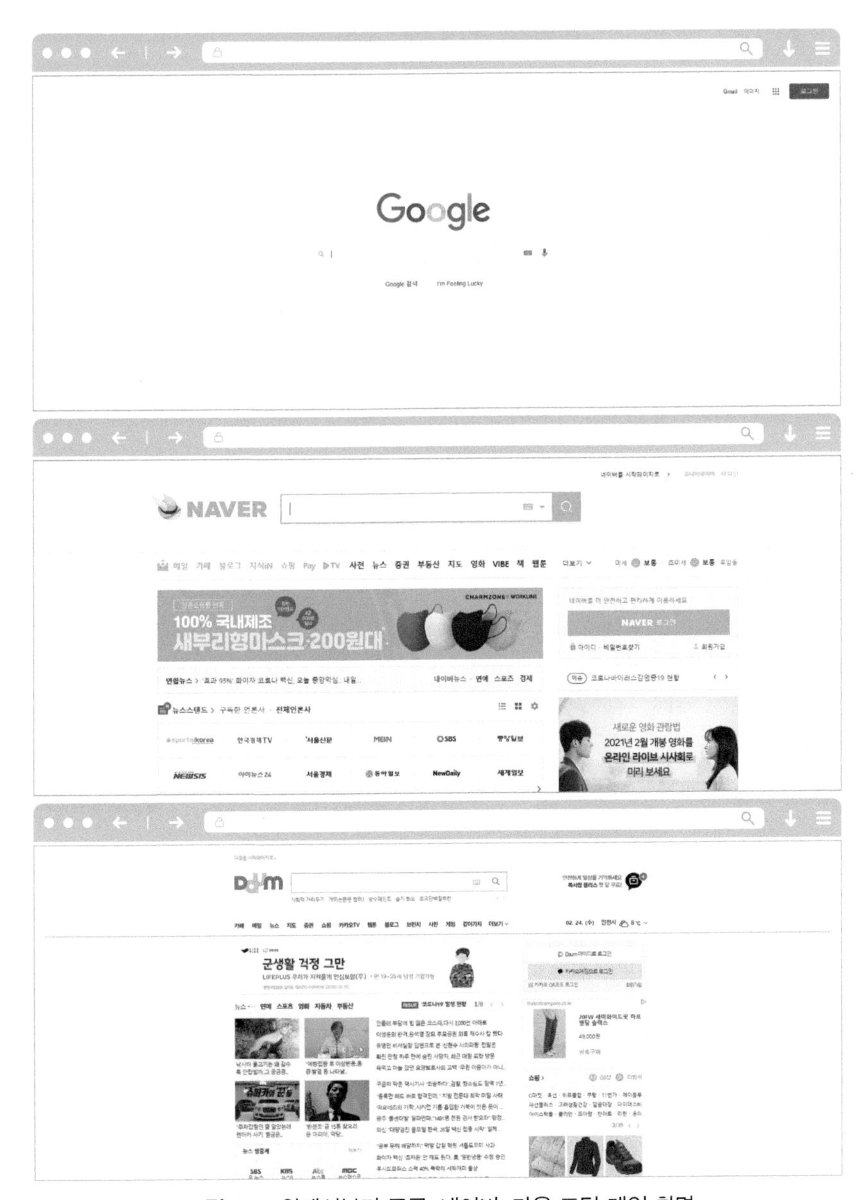

그림 1-5 위에서부터 구글, 네이버, 다음 포털 메인 화면

참여형 네트워크 플랫폼

참여형 네트워크 플랫폼은 개인이나 기업이 플랫폼에 참여해 콘텐츠를 생산하고 소비하는 과정을 매개한다. 페이스북, 트위터, 인스타그램, 카카오스토리 같은 소셜네트워크서비스(SNS), 카카오톡, 라인과 같은 인스턴트메시지(IM) 서비스, 소비자가 직접 미디어 콘텐츠를 생산하는 유튜브, 아프리카와 같은 소셜 미디어 플랫폼, 다음 카페, 네이버 카페와 같은 커뮤니티 사이트가 참여형 네트워크 플랫폼에 속한다.

그림 1-6 참여형 네트워크 플랫폼 앱 아이콘

전자상거래 플랫폼

전자상거래 플랫폼은 소비자와 판매자간에 유무형의 재화와 서비스를 거래하는데 있어 중개 역할을 한다. 일반 재화를 취급하는 오픈마켓 플랫폼은 재화 플랫폼에 해당하며, 문화와 여가 활동을 지원하는 예약 대행 플랫폼, 개인 간 유휴 자원과 재화, 그리고 서비스를 공유하는 공유경제플랫폼, 개인과 개인간의 거래를 중개하는 C2C 거래 중개 플랫폼, 오프라인 서비스를 온라인에서 거래할 수 있는 O2O 플랫폼, ebook이나 음악 등 디지털 콘텐츠의 판매와 구매를 중개하는 플랫폼 등이 있다.

결제시스템 플랫폼

결제시스템 플랫폼은 재화와 서비스의 거래에 있어 금전 혹은 금융 거래를 중개하는 역할을 담당한다. KCP, NICE처럼 결제만 중개하는 플랫폼과 카카오페이, 페이팔, TOSS와 같이 핀테크 기술에 기반한 결제 플랫폼 등 포함된다. 결제 분야의 플랫폼은 수시로 새로운 서비스가 등장하고 있어 분류가 유동적이다.

※O2O(Online to Offline)

Online to Offline의 약자로 온라인과 오프라인을 유기적으로 연결해 온라인에서 고객을 모아 오프라인 매장으로 유도하는 사업 모델이다. 에어비앤비는 온라인으로 예약과 결제를 하지만 고객이 실제 그 장소에 가야 소비가 이루어지는 O2O서비스의 일종이다.

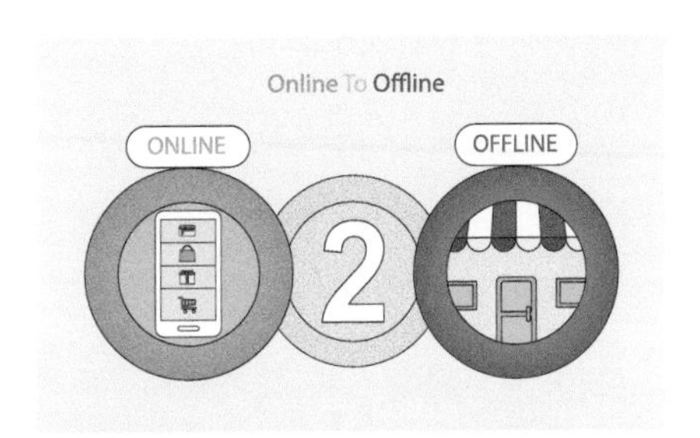

※C2C(Customer to Customer)

Customer to Customer의 약자로 소비자 대 소비자 간의 인터넷 비즈니스를 뜻하는 용어이다. 소비자는 상품을 구매하는 주체이자 동시에 공급의 주체가 되며 플랫폼은 소비자와 소비자 사이에 거래가 이루어지도록 중개하는 역할을 담당한다. 당근마켓의 가입자는 자신의 물건을 내놓고 파는 판매자이자 동시에 필요한 물건을 사는 소비자이며, 플랫폼에서 소비자 간의 비즈니스가 이루어진다.

2 수익 모델에 따른 분류[9]

광고형 플랫폼(advertising platform)

광고형 플랫폼은 무료 서비스를 제공하면서 이용자가 남긴 데이터를 가공해 제3자에게 광고상품을 판매하는 형태를 띤다. 네이버, 구글, 다음과 같은 검색엔진, 페이스북, 트위터, 인스타그램과 같은 소셜네트워크서비스 등이 이에 해당한다.

자본 플랫폼

차나 집, 캠핑카, 명품가방이나 의류 등 이용자가 자신의 개인적 자산을 다른 이들에게 대여하는 것을 중개하는 플랫폼을 자본 플랫폼이라고 한다.[10]

노동 플랫폼

노동 플랫폼은 목공, 페인트, 운전, 요리 등 작업자가 직접 고객과 만나 일대일로 거래하는 공간을 말한다.[11]

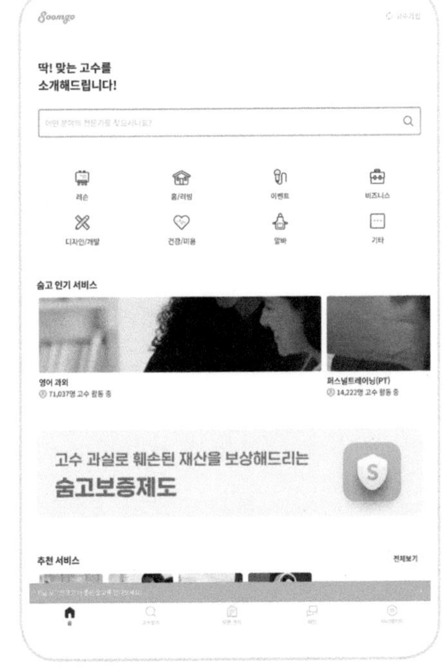

그림 1-7 숨고 모바일 앱 아이콘(왼쪽)과 태블릿PC 메인 화면(오른쪽)

전시형 플랫폼

유튜브와 같이 개인이 1인 미디어 콘텐츠를 제공하거나, 웹툰, 웹소설 플랫폼처럼 창작자가 자신이 생산한 만화나 소설 작품을 이용자에게 제공하는 플랫폼 서비스는 전시형 플랫폼에 속한다.[12]

3 플랫폼의 특성과 수익창출

1 플랫폼의 특성

디지털 기술을 기반으로 한 플랫폼은 다음과 같은 특성을 지닌다.

편재성

편재성은 사물이 네트워크로 연결되어 언제 어디서나 다양하고 필요한 정보를 이용할 수 있는 특성을 말한다.[13] 사용자 역시 자신이 언제 어디에 있든 상관없이 다양한 정보를 받을 수 있으며 실시간 커뮤니케이션이 가능하다.

편리성

모바일 기반 기술은 사용자의 접근 가능성을 높여 더욱 편리한 환경을 만든다.[14] 모바일 기기 사용에 있어 편리성은 사용 용이성이라고도 하는데 이는 모바일 콘텐츠를 얼마나 효율적이고 쉽게 사용할 수 있는지를 의미한다.[15] 아무리 좋은 기능을 가진 플랫폼이라도 사용하기 어려우면 이용자의 외면을 받으며, 이용자는 더 쉽고 편리한 기능을 가진 유사플랫폼으로 쉽게 갈아탄다.

네트워크 효과(network effect)

플랫폼은 이용자를 최대한 끌어 모으기 위해 여러 가지 유인책을 제공한다. 이용자가 많을수록 플랫폼은 이용자의 활동에 따른 기록을 데이터로 가공할 기회가 증가한다. 그뿐 아니라 이용자가 많을수록

추가 이용자들이 쉽게 유입된다. 예를 들어 집을 구하기 위해 플랫폼을 찾아볼 때 회원수가 100명 있는 곳보다 만 명 있는 곳을 선호하기 마련이다. 플랫폼에서 이용자 백 명이 천 명까지 가는데 걸리는 시간보다 만 명에서 2만 명이 되는 데 걸리는 시간이 더 짧은 경우를 종종 목격한다. 이러한 현상을 네트워크 효과라고 한다.[16] 플랫폼은 네트워크 효과를 창출하기 위해 이용자에게 필요한 서비스를 무료로 제공하기도 한다. 플랫폼 서비스는 이용자가 많아야 플랫폼의 가치가 커지며 특정 플랫폼으로 수요자가 집중되므로 그만큼 플랫폼 신규진입은 어려워진다.[17]

지렛대효과

플랫폼은 단기간에 투자 대비 높은 성과를 제공한다는 특성을 지닌다. 플랫폼이 마치 작은 힘으로 무거운 물건을 드는 지렛대의 역할을 한다는 점에서 이를 지렛대효과라고 일컫는다.[18] 지렛대효과를 얻으려면 우선 플랫폼의 기반을 탄탄하게 한 다음 고객의 욕구에 따라 플랫폼의 기능에 조금씩 변화를 주면서 개선해 나가는 방식을 취한다. 아마존은 ICT와 물류 인프라를 외부에 개방해 제품과 서비스를 다양화하여 지렛대효과를 거둘 수 있었다. 애플의 경우 2008년 7월 처음 앱스토어 서비스를 시작했는데 5년 만에 90만 개 이상의 앱이 비즈니스 활동을 했다. 만약 애플이 오픈을 하지 않았다면 애플의 모든 개발자가 앱 개발에 매달린다 해도 거둘 수 없는 성과를 오픈을 통해 이룰 수 있었다. 이는 초기 기반서비스를 탄탄하게 구축했기 때문에 가능한 것이었다.

2 플랫폼의 수익창출

세계경제포럼에 따르면 2025년 디지털 플랫폼의 예상 매출은 60조 달러에 이르며 이는 전체 글로벌 기업 매출의 30%에 해당하는 것이라고 한다.[19] 2008년 전 세계 시가총액 상위 10개 기업 가운데 플랫폼 모델을 기반으로 한 기업은 마이크로소프트사 한 곳이었지만, 2019년 전 세계 시가총액 상위 10개 기업 가운데 플랫폼 비즈니스 모델에 기반을 둔 기업은 마이크로소프트, 애플, 아마존, 알파벳, 페이스북, 알리바바, 텐센트 등 모두 7개에 이르고 있다.[20] 이처럼 플랫폼 기업은 급속한 성장세를 보이고 있다.

■표 1.2 **전 세계 시가총액 상위 10개 기업 변화**

2008년				2019년			
순위	기업명 (국가)	설립 연도	사업	순위	기업명 (국가)	설립연도	사업
1	Exxon	1870	석유	1	Microsoft*	1975	IT
2	PetroChina	1999	석유	2	Apple*	1976	IT
3	General Electric	1892	제조	3	Amazon*	1994	전자 상거래
4	Gazprom (Russia)	1989	석유	4	Alphabet*	2015	IT
5	China Mobile	1997	통신	5	Berkshire	1955	지주 회사
6	ICBC(China)	1984	금융	6	Facebook*	2004	SNS 서비스
7	Microsoft*	1975	IT	7	Alibaba (China)*	1999	전자 상거래
8	AT&T	1885	통신	8	Tencent (China)*	1998	IT
9	Royal Dutch Shell	1907	석유	9	JP Morgan	1971	금융
10	P&G	1837	생활용품	10	Johnson & Johnson	1886	제약/미용

*플랫폼 모델을 기반으로 한 기업

자료: World Atlas(2019.07..08), https://www.worldatlas.com/articles/largest-companies-in-the-world-by-market-cap.html

2020년 2분기 현재 구글플레이는 가장 많은 앱 스토어를 보유하고 있는데 안드로이드 사용자는 270만 개의 앱 중에서 원하는 것을 마음대로 선택할 수 있다. 애플 앱스토어는 iOS 용으로 182만 개의 앱을 사용할 수 있는 두 번째로 큰 규모이다. 애플과 구글은 정기적으로 앱 스토어에서 품질이 낮은 앱을 삭제하고 있기 때문에 숫자가 유동적이기는 하지만 수년 동안 구글과 애플이 보유한 앱 숫자는 꾸준히 증가하고 있다.

그림 1-8 구글 플레이(왼쪽)과 애플 앱 스토어(오른쪽) 아이콘: 로고

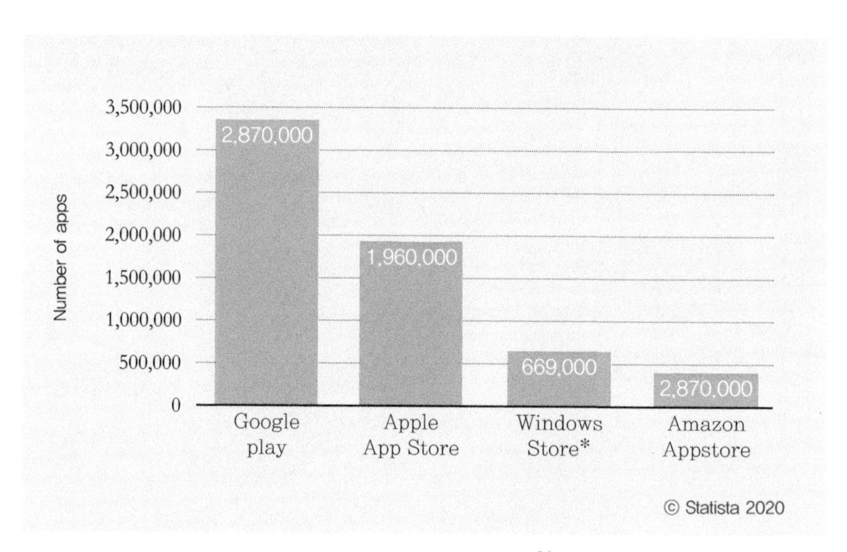

그림 1-9 앱스토어 보유 앱[21]

전통적인 기업은 자본을 이용해 임금노동자를 고용하고 생산과정을 조직화해 시장에서 재화와 서비스를 판매하는 방식으로 운영된다. 이를 통해 기업이 이윤을 얻고 노동자에게 임금을 지급한다. 그러나 플랫폼경제 시스템은 생산자를 고용하거나 생산과정을 조직하지 않는데도 수익을 창출할 수 있다.

플랫폼이 이윤을 얻는 방식은 다음과 같다.[22]

데이터의 상품화

플랫폼은 이용자의 데이터에 배타적 접근권을 가지며 이를 가공하고 분석해 상품화한다. 플랫폼 가입자들은 플랫폼을 이용하면서 여러 가지 정보를 남기는데 플랫폼은 이를 활용해 개인맞춤형 광고 상품을 개발하고 추천한다. 구글과 유튜브는 전체 수익 중 80~90%가 광고수익에 의존한다.

사용료

플랫폼이 이용자에게 직접 요금을 책정해 징수하기도 한다. 코로나 팬데믹 이후 음식 배달이 늘어나면서 배달앱의 인기도 높아졌는데 대부분 배달업체로 알고 있지만 실제로는 음식 주문 중개 플랫폼이다. 음식점을 홍보해주고 고객의 주문을 대신 받아 중개 수수료로 수익을 취하는 방식이다. 주문 중개와 배달을 동시에 해주는 '배민라이더스'의 경우 수수료는 16.5%에 이른다. 요기요는 수수료 12.5%를 부과하고 배달통은 기본 2.5% 수수료를 받는다. 수수료 이외에도 광고비를 책정해 수익을 올린다. 에어비엔비는 이용자들의 남는 방을 숙박 상품으로 거래 가

능하게 하면서 이용자들의 교환에 따른 수수료를 받는다. 우버 역시 이용자들이 자가 승용차를 이용해 운송 서비스를 하고 받는 운송요금에 수수료를 부과한다.

투자 유치

대부분의 플랫폼은 스타트업 기업으로 자본시장에서 투자를 유치해 수익을 얻는다. 플랫폼은 가능하면 많은 이용자를 끌어들이기 위해 각종 유인력을 제공하려고 하며, 투자자는 플랫폼 이용자들의 규모와 미래 가치를 바탕으로 투자를 결정한다. 플랫폼은 이용자가 많으면 많을수록 데이터가 더 많이 쌓이게 되며 이를 가공해 비즈니스 모델로 연결할 수 있다. 또한 플랫폼의 콘텐츠나 서비스를 소비하기 위한 목적을 가진 추가 이용자들이 유입되는 네트워크 효과(network effect)가 발생한다. 플랫폼은 네트워크 효과를 창출하기 위해서 때로는 이용자에게 무료로 서비스를 제공하기도 한다.

4 플랫폼의 활용

1 플랫폼의 이점

유무선 인터넷으로 연결되어 언제 어디서나 원하는 서비스를 제공하고 제공받으며 살아가고 있는 플랫폼 경제 시대에는 플랫폼에 관한 이해와 활용 능력이 무엇보다 중요하다. 인터넷 서비스와 같이 기본적으로 제공하는 플랫폼 이외에는 대부분의 플랫폼이 제대로 활용할 경우 경제적 이익을 창출할 수 있는 구조를 지닌다. 유튜브는 인기 콘텐츠를 게시하여 광고수익을 거둘 수 있으며 온라인판매자는 쿠팡이나 티몬과 같은 국내 플랫폼 뿐 아니라 해외 플랫폼인 아마존을 이용할 수도 있다. 자신의 지식이나 기술을 교육하는 클래스101과 탈잉, 부동한 정보를 제공하는 직방이나 다방, 이사와 인테리어 서비스를 제공하는 숨고, 중고 물품을 거래하는 당근마켓 등 플랫폼의 특징을 이해하고 서비스를 제공한다면 개인적으로 들이던 막대한 홍보비와 중개료를 절감할 수 있다.

2 플랫폼 선택시 주의사항

플랫폼을 선택할 때 중개수수료나 사용료, 서비스 기간, 제공되는 서비스의 종류 등을 꼼꼼하게 따져 보지 않으면 낭패를 당할 수도 있으므로 주의해야 한다.

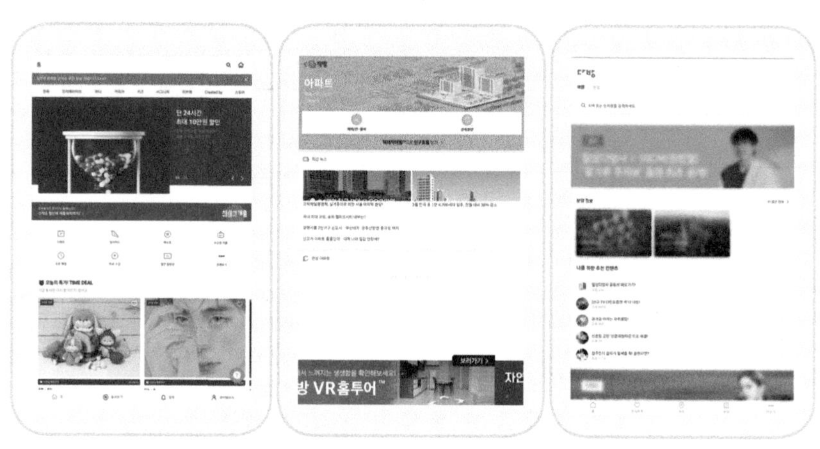

그림 1-10 왼쪽부터 클래스101, 직방, 다방

플랫폼 이용에 앞서 유의해야 할 사항은 다음과 같다.

목적에 맞는 플랫폼을 선택한다.

재미, 정보, 네트워크 형성, 수익창출 등 자신의 목적에 적합한 플랫폼을 골라 이용한다.

이용에 따른 비용과 효율성을 따져본다.

유료, 무료, 수수료, 광고료 등을 따져보고 비용을 검토하며, 정부나 지자체, 공공기관에서 지원하는 무료 플랫폼을 찾아 활용하는 것도 경제적이다. 고급 서비스는 대부분 유료이므로 사용에 앞서 무료체험을 해 보는 것이 좋다.

평판을 조회한다.

기사나 사용자 리뷰를 활용해 플랫폼의 기능, 용이성, 비용, 상호 작용성을 점검하며 플랫폼의 신뢰도를 조사한다. 잠시 인기를 끌다가 사라지는 플랫폼도 많고 유료로 비용을 지급했는데 비용에 해당하는 기능을 제대로 수행하지 못하는 경우도 있다. 특히 개인정보 유출이나 업그레이드 이후 호환이 안 되는 등 기술적인 문제가 발생하기도 하기 때문에 평판 조회는 필수적이다.

Chapter 02

온라인 회의 준비

1 온라인 회의의 확산 배경

1 원격 · 재택근무의 도입

코로나19가 전 세계로 본격적으로 퍼지기 시작한 2월부터 팬데믹 공포로 인해 전 세계 경제 활동은 마비되었으며 주요 주가지수는 대폭락하기도 하였다. 당시 기업들은 확산을 막기 위해 영업을 중단하고 봉쇄에 들어갔지만, 상황이 장기화하면서 공통으로 재택근무, 구조조정, 고용축소 등의 대응을 보였다. 국내의 경우 삼성그룹, LG그룹, SK그룹, 포스코, 한화, 현대모비스, 롯데, 네이버, 카카오를 포함한 대기업과 IT기업, 이커머스 등 다수의 기업이 원격근무 혹은 재택근무에 들어갔다.

원격근무는 직장인이 회사 사무실이 아닌 다른 업무 장소로 이동해 통근 거리를 줄이고 일정한 시간 이상 근무를 하는 방식을 말한다.[23] 사무실이 아닌 공간 어디서든 근무를 하는 개념이므로 원격근무 장소는 특정하기 어렵다. 이 때문에 원격근무를 하는 직장인은 카페 혹은 실내외 자유로운 공간에서 근무하거나 이동하며 업무를 보기도 한다.

재택근무란 근무처를 집으로 설정하고 가정에서 컴퓨터와 인터넷을 활용해 원격 근무하는 형태를 말한다. 다시 말해 원격근무 개념의 하위 개념으로 재택근무가 자리하고 있는 것이다. 앨빈 토플러는 자신의 저서 '제3의 물결'을 통해 재택근무와 같은 근로 형태를 표현하며 전자 오두막이라고 정의하기도 하였다.

재택근무는 20세기 후반부터 미국과 유럽에서 점차 시작되었다. 미국의 경우 사회에 진출하는 여성들이 많아지고 고령 인구가 늘어남에 따라 1993년부터 스마트워크를 도입하면서 확산되었다.

특히 재택근무는 21세기 들어 미국과 유럽에서 급속도로 늘어났는데 미국의 경우 2005년부터 2015년 사이 재택근무 비율 증가율은 115%로 나타났다. 또한 미국 갤럽에 따르면 2016년 기준 직장인 10명 중 4명은 원격근무를 하는 것으로 조사되었다.[24]

영국은 2014년 고용권리법을 개정하면서 유연근무제도가 시행되었으며 스페인도 2012년에 유연근무제를 도입하였다. 일본의 경우 저출산 극복을 위한 정책의 일환으로 2015년부터 유연근무제가 실시되었다.

밀레니얼과 Z세대들을 중심으로 IT 기업이 모여있는 실리콘밸리는 재택근무가 일상이다. MZ세대에겐 재택근무가 삶의 중요한 요소로 여겨졌다. 실제로 딜로이트의 글로벌 밀레니얼 서베이 2019에 따르면 밀레니얼 세대 75%는 자신에게 중요한 요소로 원격근무와 재택근무를 꼽았다.

이와 같은 현상은 미국뿐만 아니라 유럽 등지에서도 비슷하게 나타났다. 영국 컨설팅회사인 머천트 사비가 발표한 글로벌 원격근무보고서를 살펴보면 2020년 기준 전 세계 원격근무자는 2005년 대비 159% 증가하였다.

또한 영국 기업 10곳 중 7곳(68%)은 유연근무제를 도입하고 있다. 유연근무제는 단시간 근로, 탄력근로 등 일하는 시간과 근무 장소에 대해 유연성을 보장하는 제도다.[25]

반면 한국은 재택근무의 보급이 상대적으로 늦었다. 인터넷과 IT기기 보급은 세계 최고 수준이었으나 재택근무 도입의 문은 쉽게 열리지 않았다. 재택근무, 유연근무제, 스마트워크와 같은 단어들은 이미 10년 전인 2010년 초부터 언급이 되어왔다.

재택근무 도입을 가로막고 있던 장벽은 한국 특유의 보수적인 인사 관행과 상사에 눈에 들어야 승진할 수 있는 이른바 눈도장 문화 탓이었다. 재택근무 제도를 시행하자고 먼저 나섰다간 인사평가에서 불이익을 받을 것을 두려워한 직장인들의 소극적 대응도 한몫을 하였다.[26]

실제로 2010년 취업사이트 인크루트가 직장인을 대상으로 재택근무 도입에 대한 설문 조사를 실시한 결과 10명 중 4명은 도입을 걱정하였다. 이들은 도입을 걱정한 이유로 조직력 저하(35.2%), 직원 관리 문제(23.3%), 업무 태만(23.3%)을 꼽았다.

보수적인 기업문화를 가진 한국에서도 기업들이 재택근무에 나서게 된 건 다름 아닌 코로나19였다. 잡코리아가 직장인 839명을 대상으로 설문 조사를 실시한 결과 이들 중 절반 이상(58.5%)이 코로나19 이후 재택근무를 한 경험이 있는 것으로 나타났다.

고용노동부가 조사한 결과 역시 비슷하였다. 고용노동부가 지난 2020년 9월 발표한 재택근무 활용실태 설문조사 결과에 따르면 기업 10곳 중 5곳(48.8%)은 재택근무를 도입한 것으로 조사되었다. 이 설문은 5인 이상 사업장의 인사담당자 400명을 대상으로 실시되었다.

그림 2-1 고용노동부가 발표한 재택근무 활용실태 설문조사 중 재택근무 운영 여부

기업 규모별 실시비율은 10~29인 기업의 43.9%, 30~99인 기업의 42.7%, 100~299인 기업의 54.0%, 300인 이상 기업의 51.5%가 실시한 것으로 나타나 기업규모별 편차는 크지 않았고 기업 유형별로도 큰 차이는 없는 것으로 나타났다. 코로나19가 한국 기업 역사에서 재택근무 도입을 알리는 신호탄이 된 것이다.

업무 효율성도 높아진 것으로 조사되었다. 고용노동부에 따르면 재택근무로 인해 업무효율이 높아졌다는 응답은 '매우 그렇다'와 '그런 편이다'를 포함해 66.7%로 나타났다. 반면 '그렇지 않다'는 응답은 33.3%에 그쳤다.

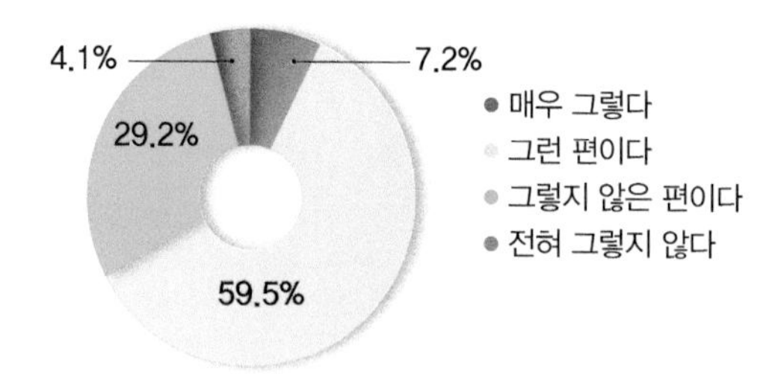

그림 2-2 고용노동부가 발표한 재택근무 활용실태 설문조사 중 재택근무로 인한 업무 효율성

재택근무의 긍정적 효과로는 감염병 위기 대처 능력 강화(71.8%)가 1순위로 꼽혔다. 이어 근로자 직무만족도 증가(58.5%), 업무 효율성 증가(23.1%) 순으로 조사되었다.

반면 재택근무 시행의 어려움에 대해서는 의사소통 곤란(62.6%)을 가장 많이 꼽았다. 그 뒤로 재택근무 곤란 직무와의 형평성 문제(44.1%), 성과관리 · 평가의 어려움(40.0%)도 언급되었다.

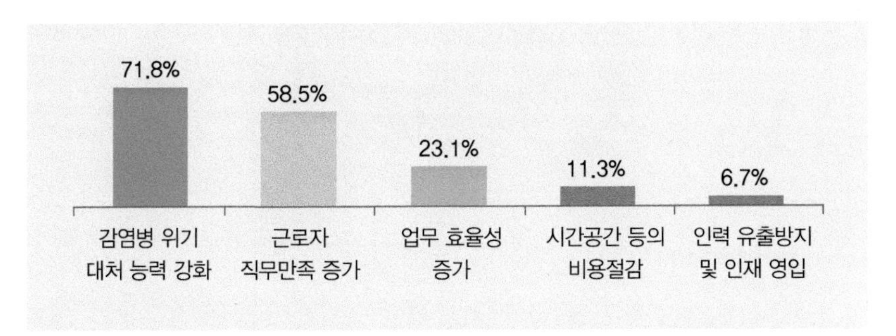

그림 2-3 고용노동부가 발표한 재택근무 활용실태 설문조사 중 재택근무 긍정적 효과(복수응답)

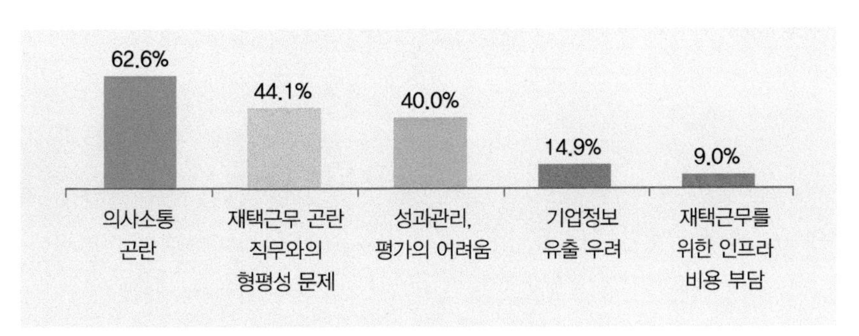

그림 2-4 고용노동부가 발표한 재택근무 활용실태 설문조사 중 재택근무 시행상 어려움(복수응답)

2 원격 · 재택근무의 장기화

코로나19 사태가 진정 국면에 접어들어도 앞으로 원격근무와 재택근무는 지속해서 이어질 전망이다. 그간 원격 · 재택근무에 대해 선입견을 품고 있던 회사 경영진과 직원이 재택근무를 경험한 뒤 긍정적으로 인식이 바뀌게 될 가능성이 크기 때문이다.

대기업과 비교해 상대적으로 원격 · 재택근무 전환이 쉽지 않은 중소기업 지원에 정부가 나서고 있는 것도 원격 · 재택근무 전환이 장기화할 것을 반영한 것으로 풀이된다. 중소벤처기업부는 기업당 최대 400만 원까지 지원하는 비대면 서비스 바우처 사업을 운영 중이다. 이 사업은 중소 · 벤처기업들이 필요로 하는 화상회의, 재택근무, 네트워크 · 보안 솔루션, 에듀테크, 돌봄 서비스, 비대면 제도 도입 관련 컨설팅 등을 지원한다.

이처럼 원격 · 재택근무는 코로나19 사태 이후에도 대기업과 중소기업에서 활용할 수 있는 하나의 근무 형태로 자리 잡을 전망이다. 한국경영자총협회에 따르면 매출 100대 기업 중 88.4%가 재택근무를 시행하고 있으며 코로나19 사태가 끝난 이후에도 응답 기업의 절반 이상이 재택근무를 활용할 것으로 조사되었다.

한국은행도 재택근무와 사무실 근무를 상시 활용할 것으로 전망하였다. 한국은행이 내놓은 '코로나19 사태로 인한 재택근무 확산 쟁점과 평가' 보고서에 따르면 코로나19 사태가 종식되더라도 기존처럼 사무실로 출근하는 방식으로 돌아가지 않고 재택, 사무실 등을 적극적으로 활용하는 하이브리드 근무 형태로 이뤄질 것으로 내다보았다.

실제로 석유 정제품 제조 기업인 SK이노베이션은 2020년 5월 재택근무제를 도입한 뒤 재택근무 생산성 향상 · 촉진을 위해 1+3 실험에 나서기도 하였다. 1+3 실험은 4주 가운데 1주는 사무실에서 근무하고 나머지 3주는 자율근무로 일하는 방식이다. 이를 위해 SK이노베이션은 재택근무시 업무에 활용할 수 있는 협업 툴 '웨벡스'를 도입하였으며 보안정책을 개선하고 외부망 접속 보안을 강화하였다. 코로나19로 재택근무를 시도했던 롯데는 주요 계열사를 중심으로 아예 주 1회 재택근무를 상시 시행하기로 하였다. 또 LG유플러스의 경우 일부 부서에 해당하지만 주 3일 재택근무에 들어갔다.

현대모비스는 임시로 운영하던 재택근무제도를 아예 공식적으로 채택하였다. 직원수 1만 명 이상의 국내 제조 대기업이 재택근무를 근무제도로 공식 도입한 것은 굉장히 이례적인 사례다. 직원의 창의성 증대와 업무 편의성을 강화해 기업 경쟁력을 높이기 위해 이 같이 결정하였다는 게 현대모비스의 설명이다.

국내 최대 모바일 홈쇼핑 포털 앱 '홈쇼핑 모아'를 운영하는 버즈니도 포스트 코로나 시대를 대비해 선택적 원격근무제 도입을 검토하고 있다. 선택적 원격근무는 사무실 출근을 기본으로 하지만 주 1일~2일에 대해서는 선택적으로 원격근무를 할 수 있는 제도다.

버즈니가 코로나19 종식 이후에도 선택적 원격근무 제도를 시행하려고 하는 까닭은 코로나19로 인한 사회적 거리두기 강화로 회사로 출근하지 않는 원격근무에 들어갔음에도 불구하고 업무 효율성이 높아졌기 때문이다. 직원 만족도 또한 증가하였다.

앞서 버즈니는 코로나19 발생 초기인 2월부터 전사적으로 원격근무에 돌입하였다. 이후 사회적 거리두기 2단계가 된 9월부터 선택적 자율 출근 제도를 도입하여 적용하고 있다. 만나서 일하는 게 가장 효율적이라고 생각하지만 업무가 명확하고 업무에 대한 책임감만 있다면 원격근무에서도 충분히 업무적 기량을 낼 수 있다는 게 버즈니 측의 생각이다.

원격근무에 대한 직원 만족도와 업무 효율성도 높았다. 버즈니의 자체 설문조사에 따르면 원격 근무 제도에 대한 버즈니 직원 만족도는 5점 만점에 3.9점으로 직원 가운데 72.4%가 만족감을 보인 것으로 나타났다. 이어 원격근무의 업무 효율성은 5점 만점에 3.3점으로 분석되었다. 전체 직원 가운데 절반 수준인 46.6%가 원격근무가 효율성이 있다고 답하였다.

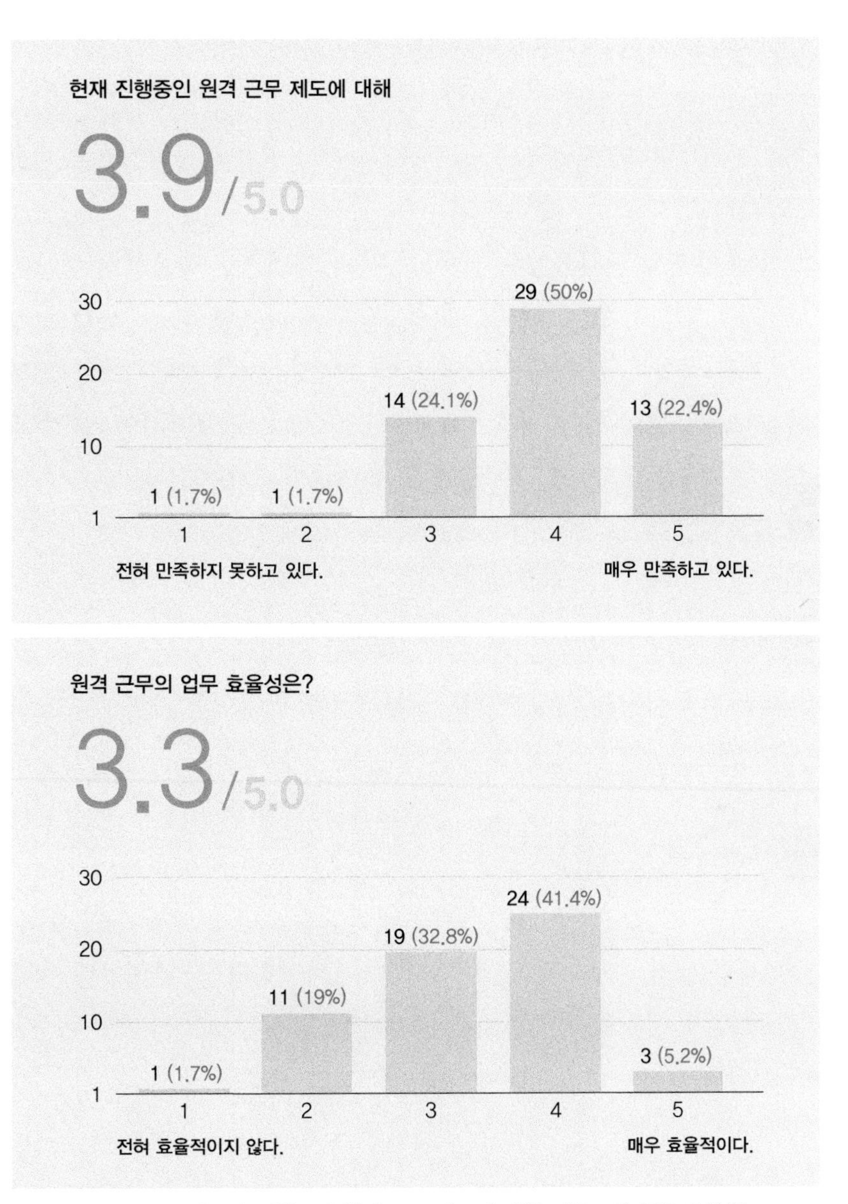

그림 2-5 버즈니 직원들의 원격 근무 제도에 대한 만족도와 업무 효율성

업계마다 디테일한 부분에서 차이가 있겠지만 버즈니는 적어도 IT 업계는 재택근무가 조직 문화나 복지 차원에서 좋은 선택지가 될 것으로 분석하였다. IT업계는 업무에서 디지털 전환이 상대적으로 쉽기 때문이다.

이는 앞에서 제시하였던 고용노동부의 재택근무 활용실태 설문조사에서도 극명하게 드러난다. 고용노동부에 따르면 재택근무를 시행 중이라는 응답이 높은 업종은 금융 및 보험업(66.7%), 예술 · 스포츠 및 여가 관련 서비스업(66.7%), 교육서비스업(62.5%), 정보통신업(61.5%) 등으로 조사되었다. 반면 재택근무를 운영하지 않는다는 응답은 숙박 및 음식점업(85.7%), 제조업(66.0%), 도매 및 소매업(63.8%) 순이었다.

3 성공적인 재택근무를 위한 노하우

재택근무 환경을 성공적으로 정착시키기 위해서는 기업과 근로자 모두 재택근무에 들어갈 수 있는 환경을 갖추어야 한다. 고용노동부는 재택근무를 준비하는 기업과 근로자를 위해 '재택근무 종합 매뉴얼'을 만들고 온라인(재택근무종합안내.kr/manual)을 통해 배포하고 있다.

재택근무 종합 매뉴얼에 따르면 재택근무 도입에 대한 합의 형성, 기초사항 점검, 도입 범위 및 대상선정, 도입형태 및 운영방법 결정 등 7가지 절차에 따라서 준비하는 것이 바람직하다고 안내하고 있다. 이 중 재택근무 형태와 업무환경 구축을 중심으로 성공적인 재택근무를 위한 노하우를 정리해 본다.

그림 2-6 고용노동부가 제시한 재택근무 도입 절차

재택근무 형태 결정하기

근무 형태에 따라 재택근무를 이해하는 데 차이가 발생할 수 있기 때문에 반드시 조직원들끼리 재택근무 형태를 결정하여야 한다. 재택근무는 활용 빈도에 따라 상시형 재택근무와 수시형 재택근무로 나눌 수 있다. 상시형 재택근무는 근무 일수의 대부분을 근로자의 집이나 회사가 관리하지 않는 장소에서 일할 수 있는 형태를 말한다. 출·퇴근 거리 등으로 회사로 통근하기가 어렵거나 업무의 독립성이 강할 때 상시형 재택근무를 채택한다.

반면 수시형 재택근무는 근무일 가운데 일부만을 골라 집에서 근무하고 나머지는 회사 사무실에서 일하는 형태다. 회사 안에 다른 부서나 거래처와 업무협조, 재택근무자의 고립감·소속감 등을 반영하여 일정 기간은 반드시 사무실에서 일을 해야 하는 경우 수시형 재택근무를 도입한다.

고용노동부가 제시한 사례를 살펴보면 좀 더 쉽게 이해할 수 있다. 무역업무를 하는 기업일 경우 밤 시간대, 고객 응대가 필요할 때 상시형 야간 재택근무를 채택하는 게 좋다고 제시하였다. 또한 창의적인 업무를 수행하는 직무이거나 근로자에게 업무 자율성을 폭넓게 주고 싶은 경우 수시형 재택근무를 채택하라고 조언하고 있다. 이럴 경우 회사는 근로자와 협의해 주 1회 등 자유롭게 근무 장소를 선택하도록 한다.

주요 사례별 운영 예시

- 파견 나가는 배우자와 함께 해외로 이주를 해야 하는 상황에서 회사를 그만두는 대신 상사와 협의
  - ➔ 상시형 재택근무 실시, 근무시간은 자율적으로 결정하거나 또는 협업시간(Co-work Time)을 사전협의
- 무역업무를 주로 하는 기업에서 야간시간대 고객응대가 필요할 때
  - ➔ 상시형 야간 재택근무 실시
- 콜센터의 안정적 우수 인력유지를 위해 기혼여성의 니즈를 반영
  - ➔ 상시형 재택근무 실시
- 새로운 프로젝트가 시작되어 집중 개발시간이 필요하지만 주 1회는 팀별 중간점검 회의 및 산출물 공유가 필요한 경우
  - ➔ 수시형 재택근무로서, 주4일 재택 및 주 1회 사무실 근무
- 창의적인 엄무수행을 위해 근로자에게 업무자율성을 폭넓게 주고 싶은 경우
  - ➔ 수시형 재택근무로서, 주 1회 자유롭게 근무장소를 선택하는 근무방식 운영

그림 2-7 고용노동부가 제시한 재택근무 운영 예시

재택근무 운영방법

재택근무에 적합한 근로자는 스스로 일정을 관리하고 업무를 수행할 수 있어야 한다. 일반적인 근무와 다르게 직무수행에 대한 감독이나 통제가 어렵기 때문이다. 재택근무에 적합한 근로자인지 미리 확인하기 위해서는 재택근무를 허가하기 전에 일정 근무 경력을 요구하거나 자기 관리 능력이 어느 정도 수준인지 체크하여야 한다. 이와 함께 재택근무자의 재택근무 장소 등 업무환경을 종합적으로 고려하여 승인할 필요가 있다.

재택근무가 승인되었다면 회사 부서장과 근로자 간 업무 관련 연락 · 보고 방법을 서로 맞춘다. 또 사무실로 직접 출근하는 것이 아니기 때문에 출 · 퇴근의 인증 방식도 정한다.

재택근무 장소를 바꿀 때에는 부서장이나 팀장에게 사전에 재택근무 장소 변경을 알려야 하며 필요한 경우 사전에 신청하여 승인을 받는다.

아울러 재택근무는 회사 다른 직원들과 같은 공간에서 일을 하는 것이 아니기 때문에 재택근무에 들어간 근로자는 자신의 건강을 체크하며 관리한다. 근로 효율을 고려해 장시간 근무는 피하며 자율적으로 일을 하되 근무 시간에는 사생활과 분리하는 직업정신이 필요하다.

재택근무 업무 환경 구축

재택근무는 사무실로 직접 출근하는 것이 아니기 때문에 근무를 하려는 외부 장소에 업무 환경을 구축하여야 한다. 업무 환경이 제대로 갖추어져 있지 않다면 근무에 영향을 주기 때문에 반드시 재택근무 전에 필요한 장비 등을 마련한다.

가정에서 근무를 할 경우 가족 구성원이나 육아로 인해 업무가 방해받을 수 있으므로 독립된 업무 전용 공간을 확보하는 것이 좋으며 업무를 수행하기 위한 기본적인 IT기기를 설치해 놓는다. 재택근무에 필요한 대표적인 IT기기는 데스크톱과 노트북을 비롯해 복합기, 통신장비, 온라인 회의를 위한 웹캠 등이다.

이와 함께 업무에 필수적인 회사 메신저, 파일 공유 툴, 온라인 회의 툴, 전자결재 시스템을 컴퓨터에 설치하고 사용법을 미리 숙지하는 것이 좋다.

만약 자신의 컴퓨터에 회사 업무 프로그램이 없거나 업무에 필요한 장비가 없다면 회사에 요청해 필요한 기기를 지원받아야 한다. 고용노동부의 재택근무 종합 매뉴얼에 따르면 재택근무와 관련된 통신비나 정보통신기기 비용, 소모성 비품은 사용자가 부담하는 게 원칙이다.

다만 이 부분은 회사와 근로자간 충분한 상의가 필요하다. 재택근무 특성상 지출 비용에 대해 근로자가 적극적으로 대처하기 어려울 수 있기 때문이다. 이 경우 고용노동부는 사용자가 사전에 일괄 부담할 지, 재택근무를 하는 근로자가 먼저 부담하고 회사가 후에 지급할 지 등을 노사가 충분히 협의할 필요가 있다고 제안한다.

재택근무 업무관리와 주의점

고용노동부의 재택근무 종합 매뉴얼은 재택근무 업무 관리 방안을 5가지로 제시하고 있다. 우선 재택근무에 들어간 근로자들이 자신의 업무를 원활하게 할 수 있도록 업무 내용과 수행방법을 매뉴얼로 만든다. 또 사전에 부서장이나 직장동료와 연락할 수 있는 방법을 미리 공유하고 자신의 업무 형태에 맞춰 업무 계획을 짠다. 부서장과 한 공간에서 근무하는 게 아니기 때문에 프로젝트 마감일을 관리자와 사전에 정하고 업무 진행 상황을 공유한다. 업무 지시 등에 변경이 있을 경우 혼선을 최소화하기 위해 업무지시는 전자메일과 같은 텍스트 기반 방식을 이용한다.

업무내용 및 수행방법의 문서화	• 업무내용, 업무수행 방법 등을 문서화하여 교부합니다. • 공간적 · 시간적으로 분리되어 근무하는 근로자들이 자신의 업무를 스스로 원활하게 수행하는데 효과적입니다.
▼	
정보통신 기술의 활용과 연락방법의 공유	• 관리자나 동료 사이의 정보공유 및 업무협조를 위해 정보통신 기술을 적절하게 활용하도록 합니다. • 평상시 또는 긴급시의 연락방법을 미리 정하여 필요시에 적절한 소통이 이루어지도록 합니다.
▼	
근무형태에 맞는 업무계획의 수립	• 사무실 근무에 적절한 일을 구분하여 업무계획을 세울 필요가 있습니다. EX) 재택형 : 집중력 · 창의력이 필요한 업무, 독립적 수행 가능 업무 등 사무실형 : 빈번한 협의 조정이 필요한 업무, 대면 접촉이 필수적인 업무 등
▼	
목표 성과와 평가방법에 대한 합의	• 성과 마감일을 관리자와 협의하여 업무계획을 세우고 업무의 진척 상황을 관리자에게 보고하도록 합니다. • 장기간에 걸친 업무는 중간보고 시기와 정기보고 주기를 정하는 것이 효과적입니다. • 매 시기 완료해야 할 목표를 정량적으로 제시할 수 있다면 작업일정의 한계를 설정하는데 도움이 되고, 구체적 목표가 제시되어 업무 몰입도와 성취감을 높일 수도 있습니다.
▼	
문자화된 업무지시와 피드백	• 근무자들이 업무를 명확하게 파악할 수 있도록 업무지시는 전자메일 등 문자화된 형태로 합니다. • 업무지시를 변경할 때는 더욱 문자화된 지시를 하여 혼선을 막아야 합니다. • 업무보고 또한 문자화된 형식으로 주고받고 관리자는 이를 주의해서 읽고 의견을 줍니다.

그림 2-8 고용노동부가 제시한 재택근무 업무관리 방안 예시

한편 재택근무를 하는 근로자는 정보 보안에도 주의를 기울인다. 회사의 경우 사내망과 외부망이 분리되어 있어 보안 수준이 높지만 일반 가정의 경우 그렇지 못하기 때문이다. 가정에서 사무실 시스템에 접속할 경우 보안 위협이 있는지 사전에 바이러스 등을 체크한다. 만약 보안 문제가 발생하였다면 해결 방안을 회사와 사전에 협의한다.

또한 재택근무자 외에 다른 사람이 근무자 컴퓨터에 접근하지 못하도록 컴퓨터를 잠가야 하며 보안이 필요한 데이터에 접근하지 못하도록 하여야 한다. 출력된 보안용 문서가 있다면 세단기를 활용하거나 찢어서 안전하게 처리하는 것도 좋은 방법이다.

2 온라인 회의의 장점과 단점

그림 2-9 이랑혁 구루미 대표(화면 왼쪽 상단)와 직원들이 구루미 비즈를 활용해 2020년 종무식을 진행하고 있다

1 온라인 회의의 장점

재택근무가 지속적으로 이어질 경우 온라인 회의도 뉴노멀로 자리잡을 것으로 전망된다. 뉴노멀은 시대 변화에 따라 새롭게 떠오르는 기준 또는 표준을 뜻한다.

온라인 회의는 PC, 웹캠 혹은 스마트폰, 태블릿 PC만 있다면 시간과 공간의 제약 없이 언제 어디서나 참여가 가능하다는 장점이 있다. 온라인 회의를 진행할 수 있는 플랫폼은 애플리케이션 형태로 스마트폰에 설치가 가능해지면서 회의 참여가 더욱 용이해졌다.

다양한 방식으로 회의 참가자와 소통할 수 있다는 점도 장점으로 꼽힌다. 온라인 회의 플랫폼마다 조금씩 다르겠지만 1:1이나 소그룹, 전체로 나누어 이야기할 수 있으며 음성 대신 채팅으로도 소통할 수 있다. 음성으로 전달하기 복잡한 내용을 문자로 정리하여 보낼 수 있기 때문에 보다 매끄러운 회의 진행도 가능하다.

아울러 녹화 기능을 통하여 회의록을 작성할 수 있으며 회의가 종료된 이후에도 자유롭게 열람이 가능하다. 또 중요한 내용은 메모할 수 있으며 화면 공유 기능을 활용하여 회의 자료를 쉽게 공유할 수도 있다.

이외에도 회의를 진행하는 내내 직접 대면하듯 서로의 얼굴을 마주보고 육성을 사용하기 때문에 현장감이 느껴지고 감정 표현의 전달이 쉽다는 장점도 있다.

다만 비대면이라는 특수성으로 인한 단점도 존재한다. 우선 비대면 방식이지만 실시간 화상 회의인 만큼 IT 기기에 대한 장비와 플랫폼 활용법을 숙지해야 한다.

2 온라인 회의의 단점

노트북을 통해 회의에 참석해야 할 경우에는 하울링 문제가 발생할 수 있다. 하울링은 스피커와 마이크를 함께 사용할 때 발생하는데 스피커 소리가 마이크로 다시 들어가 소음을 발생시키는 현상을 말한다. 이를 대비해 마이크가 달린 이어폰을 구비해 놓는 게 좋다.

인터넷을 기반으로 회의가 이뤄지는 만큼 네트워크 상황이 불안정한 가운데 많은 참석자가 몰릴 경우 끊김 현상이 발생할 수 있다. 접속 장애가 발생하지 않도록 주변 인터넷 상황 등을 체크해야 한다.

또한 다수의 회의 참여자가 동시에 말을 할 경우 오디오가 겹쳐 내용 전달이 불명확하게 될 수 있다. 이를 해결하기 위해서는 온라인 회의 시작 전 참가자들끼리 발언권을 어떻게 줄 것인지 합의하는 과정이 필요하다.

온라인 회의는 집중할 수 있는 시간이 길지 않다는 단점도 가지고 있다. 오프라인에서 이루어지는 회의처럼 참석자들이 주변에 없기 때문에 상대적으로 자유로운 탓이다. 회의에 참여하는 공간이 주로 방이나 서재로 회의실처럼 깔끔하지 않기 때문에 집중력을 분산시킬 우려가 있다.

이처럼 장점과 단점이 분명하게 존재하는 온라인 회의의 효과를 높이기 위해서는 회의 목적을 명확하게 가져갈 필요가 있다. 그리고 그 목적을 회의 시작 전 모든 참여자와 공유해야 한다. 아울러 오프라인과 달리 자료를 대면으로 전달해 줄 수 없기 때문에 사전에 모든 회의 참여자간의 자료 공유는 필수로 이루어져야 한다.

3 성공적인 온라인 회의 전략

효율적이고 성공적인 온라인 회의 진행을 위해서는 사전에 준비하여야 할 것들이 있다. 회의에 필요한 웹카메라 뿐만 아니라 공간부터 조명, 복장, 회의 참여 자세까지 디테일하게 준비할 필요가 있다. 온라인 회의를 본격적으로 시작하기에 앞서 필요한 것들을 살펴보자.

1 온라인 회의 준비하기

온라인 회의를 진행하기 전 회의 참여 공간과 장소를 확보하여야 한다. 회의 장소는 소음이 들리지 않는 공간이 적합하다. 또한 불필요

한 것들이 화면에 잡히지 않도록 주변을 정리 정돈하고 배경이 깔끔한 곳이 좋다. 만약 자신의 서재나 다른 사무실을 회의 장소로 잡았다면 회의중이라는 것을 표시하여 방해받지 않도록 한다.

온라인 회의에 필요한 장비도 구비하여야 한다. 자신이 사용하는 컴퓨터가 데스크톱이라면 웹카메라와 마이크를 별도로 준비한다. 노트북일 경우 기본적으로 웹카메라와 마이크가 장착되어 있기 때문에 따로 구매하지 않아도 된다.

이어폰의 경우 상황에 맞게 사용하면 된다. 회의 참석 장소에 혼자만 있다면 별도의 이어폰을 착용하지 않아도 되지만 하울링이 발생해 소음을 유발할 수 있다. 따라서 이어폰을 사용하는 것을 권장한다. 유선 이어폰을 착용해도 좋지만 최근 유행하는 에어팟, 갤럭시 버즈와 같은 블루투스 방식의 무선 이어폰을 활용하면 보다 깔끔한 모습으로 회의에 참석할 수 있다.

온라인 회의를 진행하기 전 복장과 조명, 음향 상태를 체크하여야 한다. 우선 복장은 정장이나 비즈니스 캐주얼이 좋다. 가능하면 세로 줄 무늬의 셔츠나 체크 셔츠를 입는 것은 피하는 것이 좋다. 줄무늬 옷을 입으면 TV 모니터 화면에서 무아레(moire) 현상을 일으킬 수 있기 때문이다. 무아레는 물결무늬 뜻을 가진 프랑스어로 요즘에는 반복되는 무늬가 두 장 겹칠 때 나타나는 무늬를 말한다.

조명 장치를 설치하는 최적의 장소는 회의 참여자의 정면이다. 만약 측광을 활용할 계획이라면 양쪽에 조명을 설치하는 것이 좋다. 한쪽에만 조명을 두면 반대쪽 얼굴에 그늘이 져 어둡게 나온다. 이럴 경우 반대쪽에도 조명 기구를 둠으로써 그림자를 없앨 수 있다. 아울러 회의 참여자 뒤에 조명을 두는 역광도 금물이다. 역광으로 찍히면 자신의 얼굴이 어둡게 나오게 된다.

2 효율적인 회의를 위한 전략과 참여 자세

효율적인 회의를 위해서는 몇 가지 규칙이 필요하다. 회의는 특정한 안건에 대해 일정 시간 동안 토의하고 의사결정을 하는 과정을 말한다. 다시 말해 의사 결정 혹은 의견 공유를 목적으로 하는 모임이다. 따라서 회의에 참석하는 인원과 시간을 구체적으로 정하여야 한다. 회의는 시간적 한계를 가지고 있기 때문에 참석자가 너무 많으면 효율이 떨어진다.

또한 회의 진행자를 반드시 뽑아야 한다. 진행자가 없으면 회의는 중구난방으로 진행될 가능성이 높다. 진행자는 순서와 안건에 맞게 회의를 진행하고 참여자에게 발언권을 부여하는 방식으로 회의를 이끌어야 한다. 진행자 선택은 자유롭게 정하면 되지만 회의 호스트 혹은 참여자 가운데 상급자가 진행자 역할을 맡는 것도 좋은 방법이 될 수 있다.

일각에서는 온라인 회의에 관찰자를 참여시키는 방법을 제안하기도 한다.[27] 관찰자를 통해 회의의 좋았던 점과 아쉬웠던 점 등의 피드백을 받고 개선해 궁극적으로 온라인 회의를 발전시킨다는 전략이다. 온라인 회의는 오프라인 회의에 익숙한 직장인들에게 낯설 수 있기 때문에 여러 단점을 노출할 수 있다. 이에 온라인 회의가 오프라인 회의에 비해 비효율적이라고 생각하거나 쉽게 회의감을 들도록 만들 수 있다는 지적이다. 따라서 매 회의에 관찰자를 참여시켜 지속적으로 발전할 수 있다는 공감대를 형성하는 것이 바람직하다.

4 온라인 회의 플랫폼과 사용법

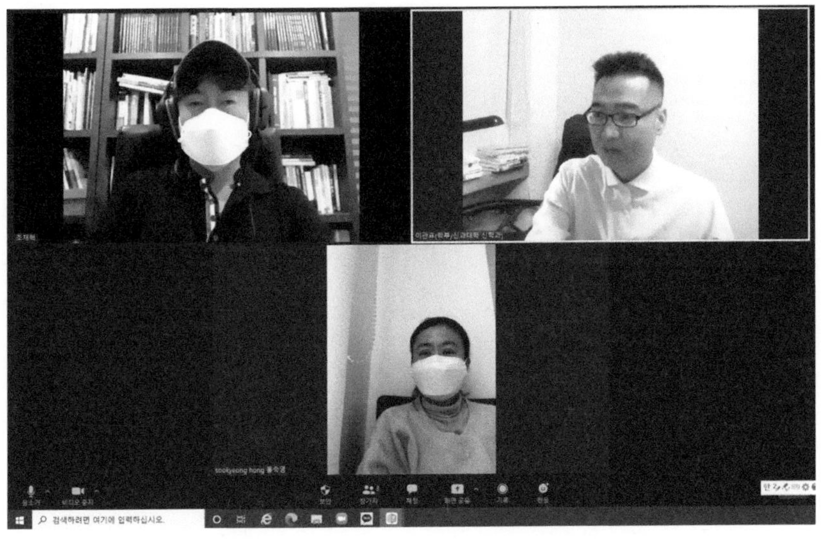

그림 2-10 온라인 회의 장면(비공식적 회의)

코로나19 사태로 인해 재택근무가 하나의 근무 형태로 자리 잡으면서 온라인 화상 회의 또한 증가세에 있다. 온라인 화상 회의 서비스를 제공하는 플랫폼은 줌, 구글의 미트, 마이크로소프트의 팀즈, 시스코의 웨벡스, 아마존의 차임, 슬랙 등이 있다. 국내 플랫폼은 구루미의 구루미 비즈, 알서포트의 리모트미팅과 최근에 네이버가 화상회의 툴 웨일 온 베타 서비스를 시작하기도 하였다. 최근 들어 주로 사용하는 온라인 화상 회의 플랫폼은 다음과 같다.

1 줌 비디오 커뮤니케이션(Zoom Video Communications)

온라인 화상 회의 · 채팅 플랫폼 업체 가운데 시장점유율 약 40%로 1위를 달리고 있는 서비스다. 줌 비디오 커뮤니케이션(줌)[28]은 데스크톱, 스마트폰, 모바일 디바이스 등 다양한 환경에서 화상회의 · 통화 · 웨비나 기능을 제공한다. 특히 회의에 HD 화질의 비디오와 오디오를 사용할 수 있다.

아울러 줌은 회의 참가자들의 편의를 위해 클라우드에 회의가 기록되며 검색 가능한 대본이 제공된다. 공동 작업을 위해서는 회의에 참여한 다수의 사람들이 화면을 공유하고 공동으로 주석을 달 수 있다. 참가자들의 참여를 적극적으로 유도하기 위해 대화식 회의를 적용했다. 발언권을 얻기 위해 손을 들어야 할 경우 가상 손들기 기능이 있으며 Q&A 기능, 콘텐츠 비디오 또는 음악 공유도 가능하다.

줌은 요금제 별로 제공하는 기능이 상이하다. 우선 무료 계정일 경우에 100명만 초대할 수 있고 회의 시간이 최대 40분으로 제한된다.

프로 계정은 연 149.90달러(약 16만 6800원)를 내면 이용할 수 있다. 회의 참가자는 무료 계정과 동일하게 100명이지만 무제한 그룹 미팅이 가능하며 SNS 스트리밍 기능도 추가된다. 또한 1GB 수준의 클라우드 녹화도 제공된다.

중소기업에 적합한 비즈니스 계정은 연 199.9달러(약 22만 2400원)를 내면 된다. 참가자는 최대 300명으로 늘어나고 싱글 사인온, 클라우드 녹화 트랜스크립트 기능이 제공된다.

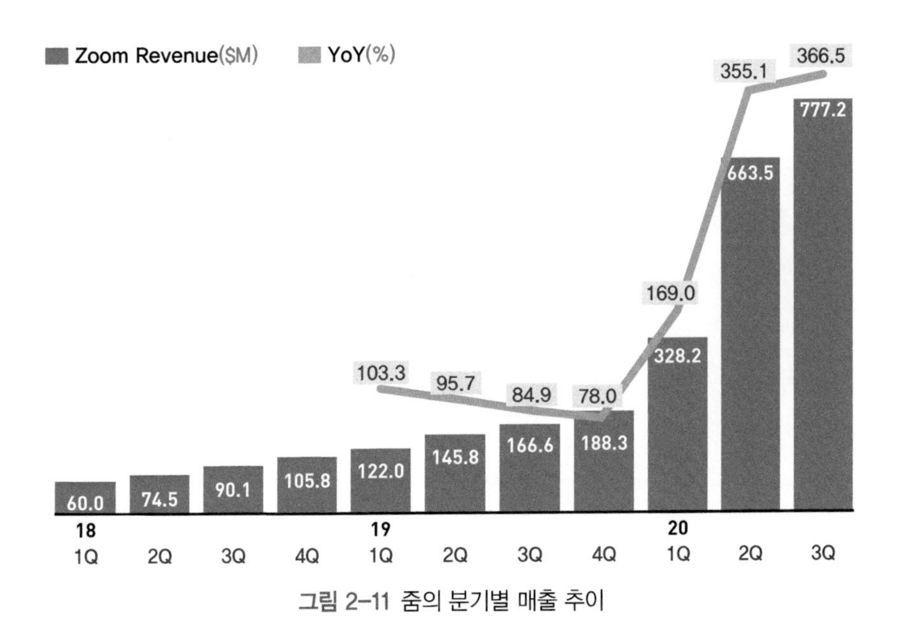

그림 2-11 줌의 분기별 매출 추이

줌은 코로나19로 인한 비대면 트렌드, 온라인 회의 수요 증가 등으로 인해 실적이 크게 개선되었다. 줌 비디오 커뮤니케이션즈에 따르면 2020년 3분기 기준 매출은 7억 7720만 달러로 전년 동기 대비 367% 증가하였다. 같은 기간 줌의 10인 이상 규모 기업 고객은 485% 증가한 약 43만 3700개사로 집계되었다. 또 지난 12개월 매출 중 10만 달러 이상에 기여한 고객은 전년 동기 대비 136% 늘어난 1289개사로 나타났다.

설치 방법

줌을 PC에 설치하기 위해서는 가장 먼저 줌 다운로드 페이지(zoom.us/download)에 방문해 줌 다운로드 홈페이지에 접속하면 줌의 PC 버전을 설치할 수 있다.

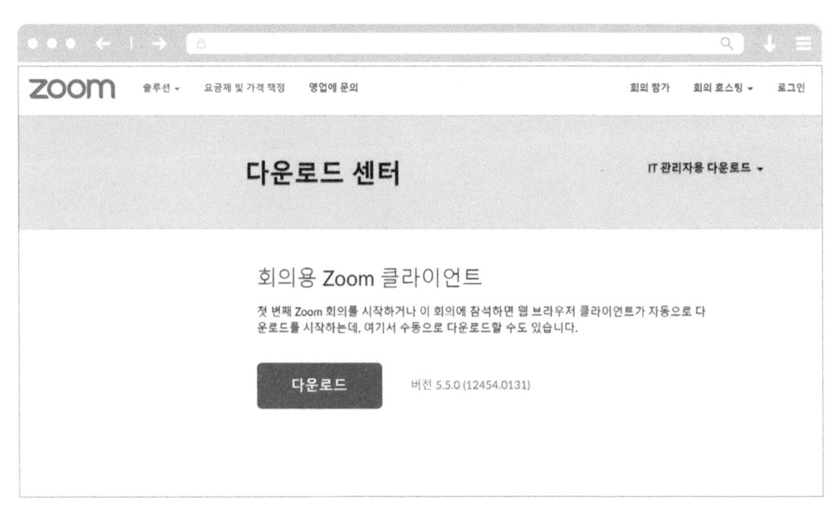

그림 2-12 줌 다운로드 홈페이지

모바일에서 이용하기 위해서는 안드로이드의 경우 플레이스토어에서, 아이폰의 경우 앱스토어에서 애플리케이션을 다운로드 받아야 한다.

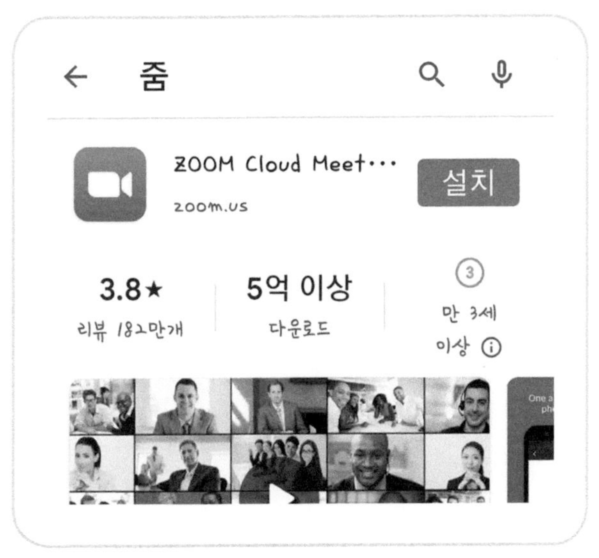

그림 2-13 줌 안드로이드 모바일 다운로드 페이지

자신이 회의의 주최자, 이른바 방장이 아닌 단순 참여자라면 따로 아이디를 만들지 않아도 된다. 다만 회의 주최자라면 반드시 아이디를 만들어야 한다.

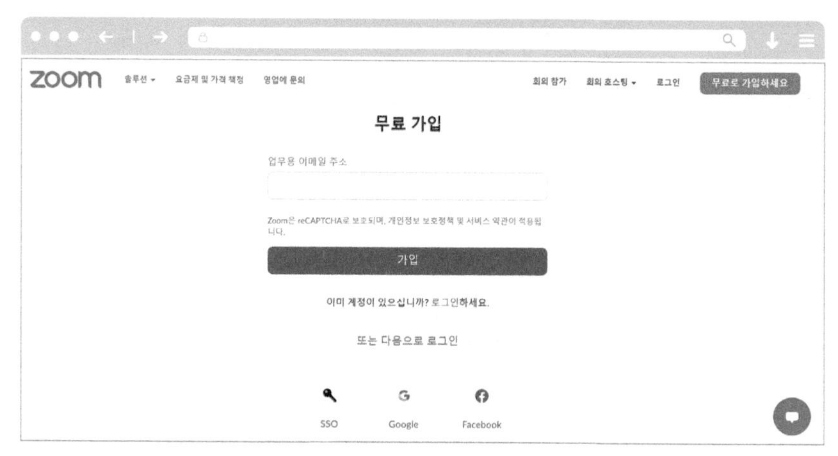

그림 2-14 줌 무료 회원가입 페이지

사용법

자신이 회의의 호스트, 즉 방장이라면 새 회의를 눌러 신규 방을 만들면 된다. 만약 단순 회의 참가자라면 회의장에 들어가기 위해 회의 주최자가 생성한 링크를 클릭하거나 회의 아이디, 암호를 입력해야 한다. 암호를 입력하고 나면 회의 주최자에게 승인요청 알림이 가고 회의 주최자가 수락하면 방에 들어갈 수 있다.

그림 2-15 회의 시작 화면과 회의 참가 페이지

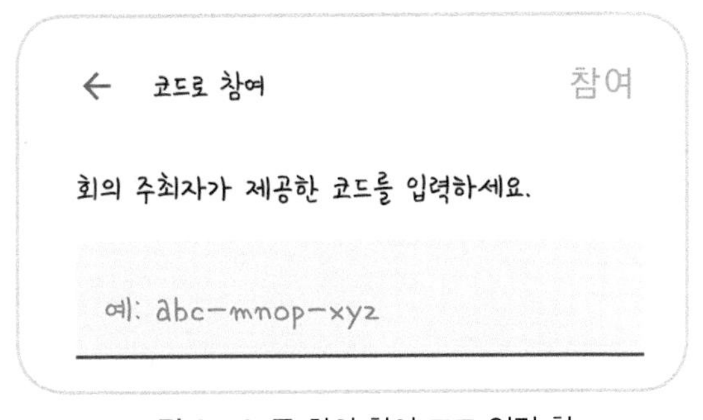

그림 2-16 줌 회의 참여 코드 입력 창

그림 2-17 줌 화상 회의방 입장 승인 화면. 호스트가 승인을 해야 방에 입장할 수 있다

회의 방에 들어가면 왼쪽 하단에 위치한 마이크 모양의 아이콘을 이용해 음소거를 끄고 켤 수 있다. 음소거 아이콘 옆에 비디오 모양의 아이콘이 있는데 이 아이콘을 누르면 자신의 화면을 끄고 켤 수 있다.

이외에 화면 하단에 참여자 인원 현황을 보거나 초대하는 기능의 아이콘이 있다. 또한 자신의 화면을 다른 참가자들과 공유하는 아이콘도 배치돼 있으며 화면을 녹화하는 버튼이고 반응은 각종 이모티콘을 자신의 화면에 표시하는 아이콘도 있다.

줌에는 배경 및 필터라는 기능도 가지고 있는데 자신의 등 뒷 배경을 상대방에게 보이고 싶지 않을 때 사용하면 유용하다. 배경을 활용하면 크로마키 스크린을 사용한 것처럼 자신의 모습을 제외하고 모두 설정한 배경 화면으로 바뀌게 된다. 집이 지저분하다면 사무실 사진이나 해외 유명 관광명소 사진으로 바꾸어보자.

줌 활용 팁

• 가상 배경 기능 사용하기

위에서 언급한 것처럼 줌은 가상 배경 기능을 갖추고 있다. 줌의 가상 배경 기능을 활용하면 마치 유튜버들이 쓰는 크로마키 스크린 혹은 블루 스크린을 사용한 것과 같은 효과가 나타난다. 가상 배경 기능을 적용하면 자신의 모습을 제외하고 배경이 바뀌게 된다.

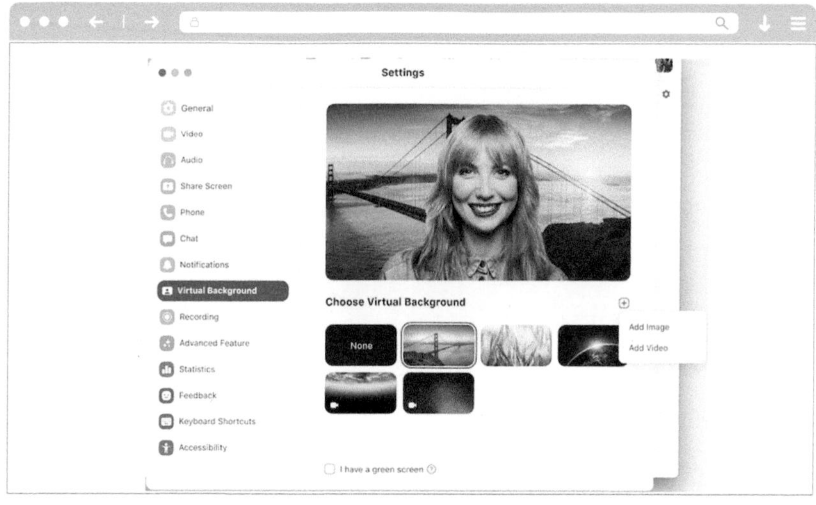

그림 2-18 줌 가상 배경을 사용한 모습

줌 PC버전을 사용한다면 화면 오른쪽 상단의 설정을 클릭해 가상 배경을 설정할 수 있다. 만약 가상 배경 기능을 사용할 예정이라면 사용자가 있는 배경이 녹색 화면 일 때 가장 최상의 결과가 적용된다. 녹색 배경이 불가능하다면 흰색 벽이나 단색 배경을 등지고 줌을 사용하면 된다.

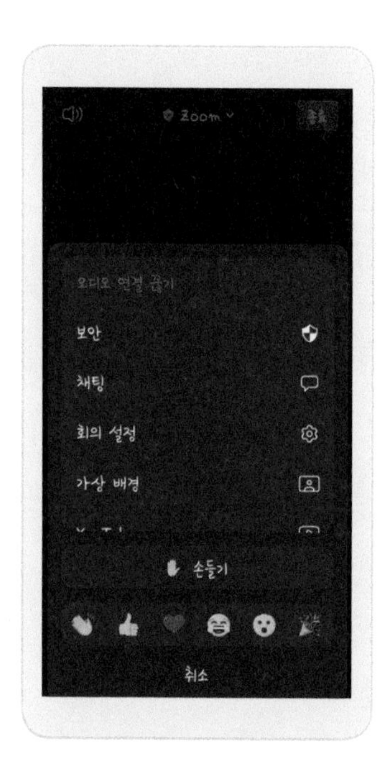

그림 2-19 줌 회의 화면에서 가상 배경을 누르면 크로마키 스크린을 사용한 것과 같은 배경 효과를 입힐 수 있다

줌 자체에서 제공하고 있는 가상 배경을 클릭해서 사용할 수도 있지만 개인이 가지고 있는 이미지를 추가해 가상 배경으로 활용할 수 있다. 이 경우 이미지는 해상도가 떨어지지 않는 것을 선택하는 것이

좋다. 1280x720 픽셀 또는 1920x1080 픽셀 이미지를 사용하면 배경이 깨지지 않고 깔끔하게 사용할 수 있다.

가상 배경으로 사용할 이미지는 자신이 찍은 사진도 상관없지만 고해상도 이미지를 원할 경우 인터넷 사이트에서 다운 받아 사용하면 된다. 이럴 경우 저작권에 저촉되지 않는 이미지를 골라야 한다. 픽사베이(https://pixabay.com/ko/)를 활용하면 저작권이 없는 이미지를 무료로 사용할 수 있다. 미리캔버스(https://www.miricanvas.com/)를 통해서도 저작권에 걸리지 않는 다양한 디자인 이미지를 사용할 수 있으며 가상 배경으로 사용할 자신만의 템플릿도 만들 수 있다.

단축키(윈도우)

Alt	회의 컨트롤 항상 표시
Alt+F1	스피커 보기로 전환
Alt+F2	갤러리 보기로 전환
Alt+F4	현재 창 닫기
Alt+V	비디오 시작/중지
Alt+A	내 오디오 음소거/음소거 해제
Alt+M	호스트를 제외한 모두에 대해 오디오 음소거/음소거 해제 (호스트만 허용)
Alt+S	화면 공유 시작/중지
Alt+Shift+S	공유할 수 있는 창 및 애플리케이션 표시/숨기기
Alt+T	화면 공유 일시 중지/다시 시작
Alt+R	로컬 기록 시작/중지
Alt+C	클라우드 기록 시작/중지

Alt+P	기록 일시 중지/다시 시작
Alt+N	카메라 전환
Alt+F	전체 화면 모드 시작/종료
Alt+H	회의 중 채팅 패널 표시/숨기기
Alt+U	참가자 패널 표시/숨기기
Alt+I	초대 창 열기
Alt+L	가로 세로 보기로 전환
Alt+Y	손들기/손내리기
Alt+Q	회의 종료
Alt+Shift+R	원격제어 시작
Alt+Shift+G	원격제어 권한 회수/포기
Alt+Shift+T	스크린 샷
Ctrl+2	현재 발표자 이름 읽기
Ctrl+Alt+Shift+H	플로팅 회의 컨트롤 표시/숨기기
Ctrl+W	현재 채팅 세션 닫기
Ctrl+Up	이전 채팅으로 이동
Ctrl+Down	다음 채팅으로 이동
Ctrl+T	다른 사람과의 채팅으로 이동
Ctrl+F	검색
Ctrl+Tab	다음탭으로 이동 (오른쪽)
Ctrl+Shift+Tab	이전 탭으로 이동 (왼쪽)
F6	Zoom 팝업 창 간 이동
Ctrl+Alt+Shift	포커스를 Zoom 회의 컨트롤로 변경
PageUp	갤러리 보기에서 비디오 참가자의 이전 페이지 보기
PageDown	갤러리 보기에서 비디오 참가자의 다음 페이지 보기

단축키(맥)

Command(⌘)+J	회의 참가
Command(⌘)+Control+V	회의 시작
Command(⌘)+J	회의 예약
Command(⌘)+Control+S	다이렉트 쉐어로 화면 공유
Command(⌘)+Shift+A	오디오 음소거/음소거 해제
Command(⌘)+Control+M	호스트를 제외한 모든 참가자 음소거(호스트만 허용)
Command(⌘)+Control+U	호스트를 제외한 모든 참가자 음소거 해제(호스트만 허용)
Space	말하기 일시 중지
Command(⌘)+Shift+V	비디오 시작/중지
Command(⌘)+Shift+N	카메라 전환
Command(⌘)+Shift+S	화면 공유 시작/중지
Command(⌘)+Shift+T	화면 공유 일시중지/일시중지 해제
Command(⌘)+Shift+R	로컬 기록 시작
Command(⌘)+Shift+C	클라우드 기록 시작
Command(⌘)+Shift+P	기록 일시 중지/다시 시작
Command(⌘)+Shift+W	스피커 보기/갤러리 보기 전환
Control+P	갤러리 보기에서 이전 25 참가자 보기
Control+N	갤러리 보기에서 다음 25 참가자 보기
Command(⌘)+U	참가자 채널 표시/숨기기
Command(⌘)+Shift+H	회의 중 채팅 패널 표시/숨기기
Command(⌘)+I	초대 창 열기
Option+Y	손들기/손내리기
Command(⌘)+Shift+F	전체 화면 보기/나가기
Command(⌘)+Shift+M	최소 창 보기 전환
Command(⌘)+W	즉시 회의 종료 또는 나가기
Ctrl+Option+Command+H	회의 컨트롤 보기/숨기기

Ctrl+Shift+R	원격 제어 시작
Ctrl+Shift+G	원격 제어 종료
Ctrl+₩	환경 설정 메뉴에서 '항상 회의 컨트롤 보기' 기능 전환
Command(⌘)+K	상대방과 채팅하기
Command(⌘)+T	스크린샷 찍기
Command(⌘)+W	현재 창 닫기
Command(⌘)+L	가로보기/세로보기 전환
Ctrl+T	탭 전환

2 구글 미트(Google Meet)[29]

2017년 구글에서 개발한 화상 회의 서비스다. 2020년 3월 구글은 구글 계정으로 미트 서비스에 접근할 수 있도록 허용하였다. 무료 사용자의 경우 2021년 4월 이후 회의 시간이 60분으로 제한된다.

구글 미트는 G메일 계정만 있으면 누구나 쉽게 이용할 수 있다. 마이크 끄기 · 켜기, 카메라 끄기 · 켜기, 화면 공유 기능을 사용자가 쉽게 쓸 수 있도록 직관적으로 설계하였다.

또 인터넷 브라우저에서 구동되기 때문에 따로 프로그램을 설치하지 않아도 된다. 스마트폰에서 이용하길 원하는 사용자라면 G메일 앱을 통해서 접속할 수 있으며 구글 미트 앱을 별로도 다운로드 받아 설치할 수도 있다.

구글 캘린더를 통해 초대를 받거나 링크를 통하여 회의 참석자를 초대할 수 있으며 초대를 받으면 직접 회의에 참석할 수 있다. 외부 참석자는 호스트가 초대하였거나 수락하지 않은 이상 회의에 참여할 수 없다.

구글에 따르면 미트는 구글 클라우드의 엔터프라이즈급 서비스와 동일하게 보안을 강화하였다. 미트 안에서 전송되는 모든 데이터는 국제 인터넷 표준화 기구(IETF) 기준에 따라 기본 암호화되는 것이 핵심이다.

설치 방법

구글이 서비스하는 미트는 안드로이드의 플레이스토어나 iOS 앱스토어에서 다운로드 받을 수 있다. 미트 앱을 따로 설치하지 않더라도 자신의 스마트폰에 G메일 앱이 깔려 있다면 구글 미트를 사용할 수 있다.

G메일 앱을 통해 구글 미트를 이용할 경우에는 사이드바에서 회의 시작을 클릭하면 된다. 화상 회의에 참여하려면 지금 참여를 클릭하고 오디오 전용 회의에 참여하려면 전화를 오디오 기기로 사용하고 참여하면 된다.

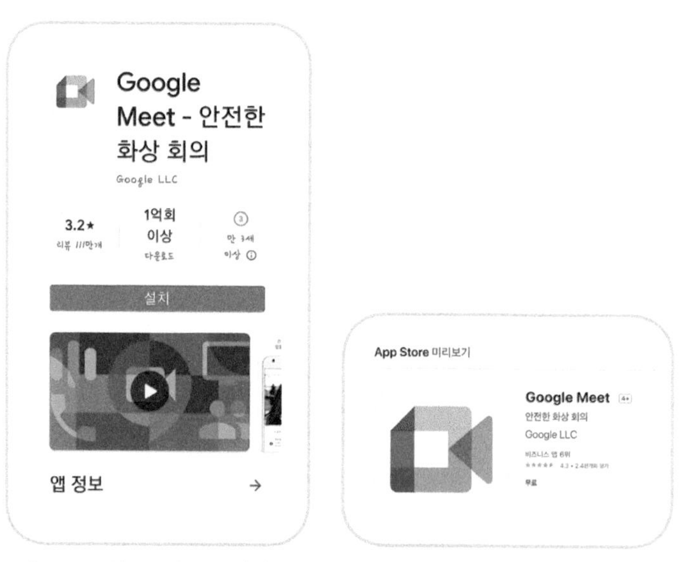

그림 2-20 안드로이드 플레이스토어와 iOS 앱스토어에서 검색한 구글 미트

사용법

미트 앱을 받았다면 실행을 하고 새 회의를 클릭한다. 구글 미트를 활용하여 온라인 화상 회의에 참여하기 위해서는 회의 코드를 사용해야 한다. 회의 주최자를 통해 전용 링크를 받아 입력하면 회의 방에 접속할 수 있다.

새 회의를 클릭하면 공유할 회의 링크 받기, 즉석 회의 시작, 구글 캘린더에서 일정 예약이 나온다.

공유할 회의 링크 받기를 누르면 회의 전용 접속 링크가 생성된다. 초대 공유를 탭하여 다른 사용자를 초대하고 회의 참여 코드를 '코드로 참여' 입력란에 붙여넣으면 된다.

• 구글 캘린더를 통해 회의 참여하기

구글 미트는 구글 캘린더를 통해서 회의를 만들고 예약할 수 있다. 일정을 만들어 참석자를 추가하는 방식으로 이뤄진다.

일정에 한 명 이상의 참석자를 초대하거나 회의 추가를 클릭하면 화상 회의 링크와 전화번호가 캘린더 일정에 추가된다.

이와 같이 캘린더에 화상 회의 일정이 추가된다면 더욱 빠르게 화상 회의에 참여할 수 있다. 구글 캘린더 앱에서 일정을 열면 회의가 있을 예정인 날짜에 적힌 '영상 통화 참여'를 클릭하면 된다.

• 구글 G메일을 통해 회의 참여하기

G메일 앱 하단에 회의 참여 탭을 누른다. 만약 구글 캘린더에 회의가 예약되어 있으면 내 회의 섹션에 표시가 된다. 예정된 회의를 누르면 회의에 관한 세부 정보를 확인할 수 있으며 회의에 참여할 수 있다.

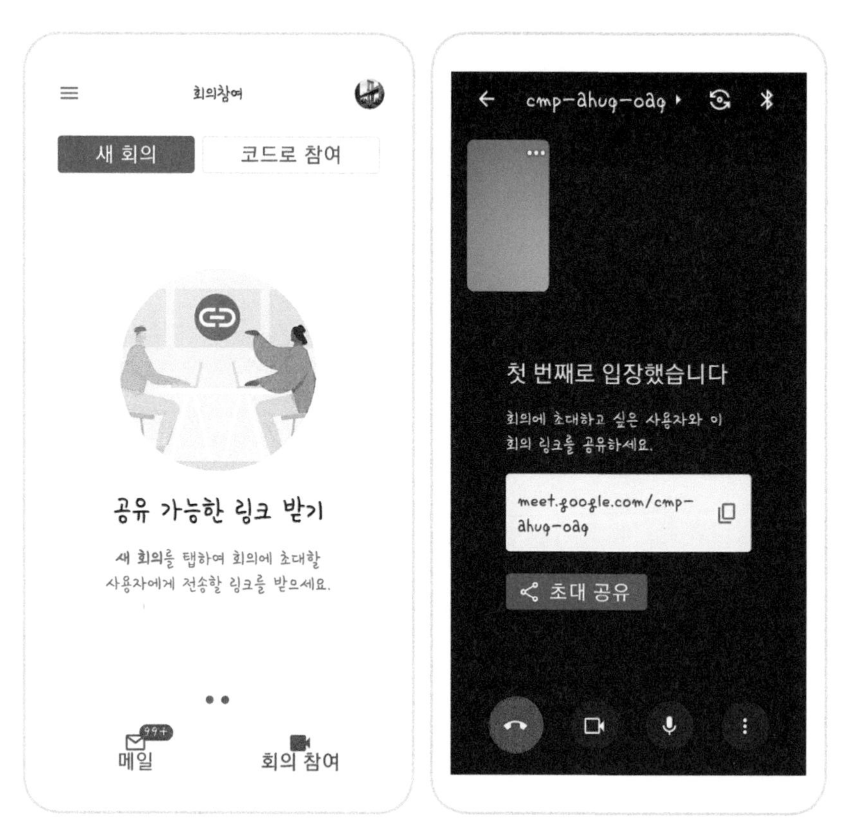

그림 2-21 구글 미트 회의 접속 화면과 링크 공유 화면

구글 미트는 자사 홈페이지(https://meet.google.com)[33]를 통해 구글 미트에 대한 화면 설명을 아래와 같이 하고 있다.

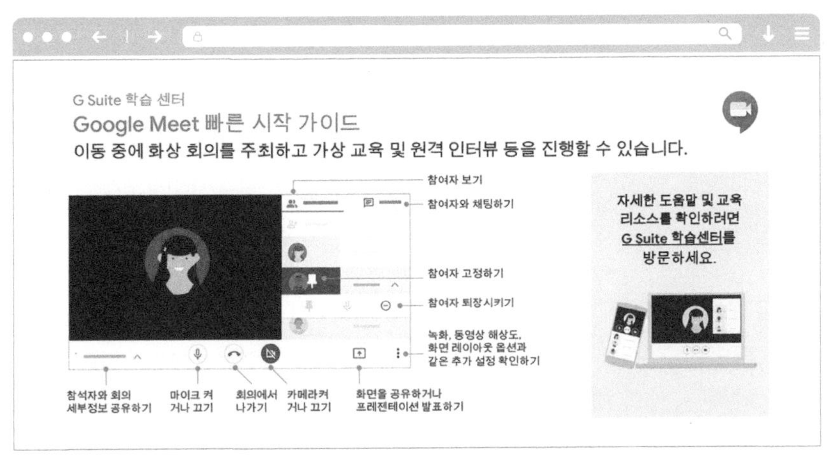

그림 2-22 구글 미트 가이드

미트 우측 화면에는 참여자 보기, 고정하기, 채팅하기 등 회의 참석자와 관련된 정보들이 표시되어 있다. 줌과 비슷하게 화면 하단에는 마이크 끄고 켜기, 카메라 끄고 켜기와 같은 아이콘이 자리 잡고 있다. 이외에도 화면 왼쪽 아래에는 참석자와 회의 내용을 공유할 수 있는 아이콘이 있으며 하단 오른쪽에는 화면을 공유하거나 프레젠테이션을 발표할 수 있는 아이콘도 마련되었다.

활용법

구글은 미트를 활용해 화상 회의를 효율적으로 할 수 있도록 팁을 제시하고 있다.[34]

• 장비 및 설정 확인하기

데스크톱으로 구글 미트를 활용하는 경우 오디오와 동영상 설정을 체크해야 한다. 구글은 회의에서 더 나은 오디오 품질을 구현하기 위해서는 헤드폰이나 이어폰을 착용할 것을 추천한다. 아울러 빛이 잘 들어오는 장소에 앉아 회의에 참여해야 하며 역광이 아닌 얼굴 쪽으로 빛이 비치게 해야 한다.
스마트폰 등 모바일을 활용해 구글 미트를 이용할 때에는 네트워크 연결에 신경을 써야 한다. 또한, 스마트폰은 휴대폰 전면과 후면에 모두 카메라가 장착되어 있으므로 화상 회의 중에 휴대기기의 카메라를 변경하여 화이트보드를 비출 수 있다.
회의를 시작할 때 간단하게 소리를 확인해야 한다. 이를 위해 상대방에게 내 목소리가 들리는지 묻는다. 화상 회의에서 상대방에게 내 목소리가 들리지 않는 경우 음소거 상태가 아닌지 확인한다.

• 회의 신속 예약 법

G메일에서 구글 미트로 이동하면 신속하게 회의 예약을 할 수 있다. 만약 데스크톱을 이용 중이라면 컴퓨터의 인터넷 브라우저에 'meet.new'를 입력하면 즉시 회의를 시작할 수 있다. 이후 회의 참석을 희망하는 사람에게 URL 주소를 보내면 회의 참석이 가능하다.

• 고화질 동영상 활용하기

구글 크롬을 이용하면 이미지와 동영상을 고화질(HD)로 활용할 수 있다. 크롬이 고화질 이미지와 영상을 제공하기 때문에 시각적 자료가 포함된 슬라이드를 쉽게 볼 수 있다는 게 구글의 설명이다.

• 회의 참여자 최대로 보는 방법

회의에 참여하고 있는 참가자들을 최대한 한 화면에 많이 뜨게 하고 싶다면 레이아웃을 조정하면 된다. 회의 참가자들이 다양한 아이디어를 내는 브레인스토밍 중이라면 레이아웃을 타일식 옵션으로 변경해 보자.

• 참여자에게 회의 녹화 사실 알리기

대부분의 실시간 온라인 화상 회의 플랫폼은 회의 녹화 기능을 제공하고 있다. 구글 미트도 마찬가지다. 하지만 녹화는 타인의 초상권을 침해할 수 있으므로 주의해야 한다. 따라서 회의 시작 전에 회의 내용이 모두 녹화된다는 것을 미리 알려야 한다. 캘린더 초대에 메모를 추가하면 회의 녹화 공지를 간편하게 할 수 있다.

• 실시간 자막 기능 활용하기

구글 미트는 실시간 자막 기능을 제공하고 있다. 실시간 자막 기능을 활용하면 청각 장애나 난청이 있는 참가자가 회의에 참여할 때 도움이 된다. 다만 현재 실시간 자막기능은 영어로만 제공되고 있다. 또한 자막 사용을 설정하면 자신의 기기에만 자막이 표시되기 때문에 실시간 자막기능이 있다고 다른 참가자에게 공지를 해야 한다.

그림 2-23 미트 실시간 자막 기능 설명

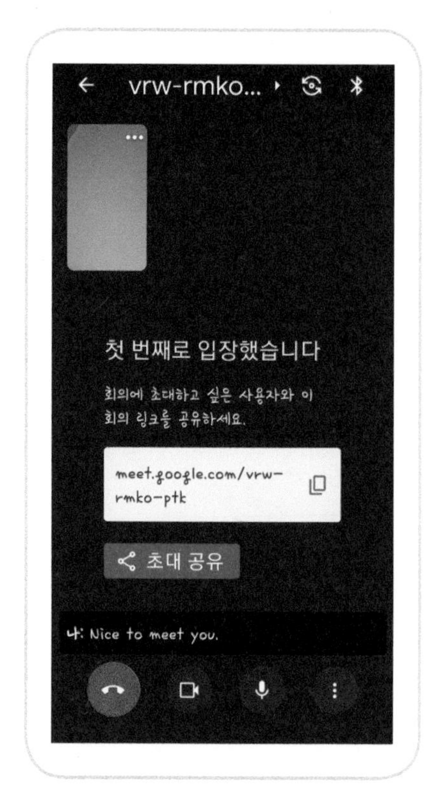

그림 2-24 실제 활용한 캡처 화면. Nice to meet you라고 말한 음성이 글자로 변경되어 하단에 떠있다

• 채팅 메시지 활용하기

구글 미트는 채팅 기능을 사용해 교대로 발언할 수 있도록 신호를 만드는 기능을 가지고 있다. 이 기능을 활용하면 발표 도중 흐름이 끊기는 것을 방지할 수 있다.

채팅 기능을 이용하려면 안드로이드나 아이폰일 경우 미트 앱을 열고 영상 통화에 참여한다. 화면 오른쪽 하단에 더보기를 누르고 통화

중 메시지 아이콘을 클릭하면 된다. 만약 PC로 회의에 참여 중이라면 화면 오른쪽 상단에 있는 채팅 아이콘을 클릭하고 문자메시지를 입력하고 보내기 아이콘을 클릭하면 된다.

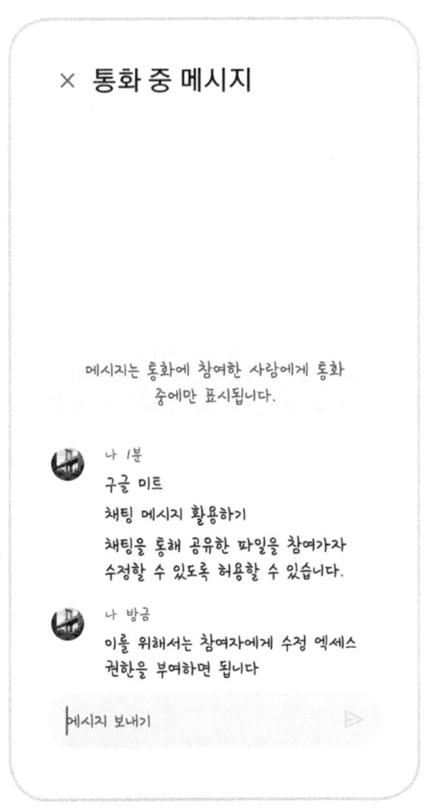

그림 2-25 구글 미트 화상 회의 중 채팅 기능을 활용해 메시지를 전달하고 있는 모습

3 웨벡스(Webex)[30]

시스코가 운영하는 영상 회의 플랫폼으로 경쟁사보다 오래전에 나온 만큼 원조 영상회의 툴로 꼽힌다. 웨벡스의 시장 점유율은 12%로 줌, 고투웨비나에 이어 3위에 머무르고 있다.

웨벡스는 이메일 계정을 등록하면 사용 기간 제한 없이 무료로 이용할 수 있다. 무료로 최대 100명이 동시에 영상 회의를 할 수 있으며 회의 시간은 최대 50분으로 제한된다.

월 13.5달러(약 1만 5000원)를 내면 스타터 계정으로 쓸 수 있는데 이때 회의 참석 인원은 최대 150명으로 확대되고 회의 당 이용 시간은 24시간으로 늘어난다.

이어 비즈니스 계정의 요금은 월 26.95달러(약 3만 원)다. 비즈니스 계정의 회의 당 이용 시간은 스타터 계정과 동일하지만, 회의 참가자 수는 200명으로 더 늘어난다.

웨벡스를 운영하는 시스코는 본래 기업용 통신 인프라 장비 기업으로 미국 캘리포니아에 자리 잡고 있다. 특히 시스코는 클라우드 보안 플랫폼을 운영하는 만큼 보안 서비스에 강점을 가지고 있는 회사다.

이 때문에 웨벡스도 보안을 최대 강점으로 내세우며 경쟁사와 차별화하고 있다. 웨벡스에 따르면 이들은 종단 간 암호화, 모니터링과 제어 기능을 통해 회의 내용의 보안을 강화하였다.

또한 신속한 연결성과 온라인 회의에 영향을 주는 소음 탐지 기능도 갖추었다. 아울러 영어로 진행되는 회의를 녹화할 경우 미팅 종료 후 자동으로 생성된 영어 스크립트를 받아볼 수 있다.

4 팀즈(Teams)[31]

마이크로소프트가 제공하는 채팅, 통화, 화상 회의 기능을 가진 툴이다. 마이크로소프트 계정이 있다면 개인도 가입해서 사용할 수 있다. 업무 소통용으로도 쓰이고 교육 현장에서는 온라인 수업, 과제, 공지 용도로 쓰인다.

무료 버전은 사용자당 2GB, 팀즈에 10GB의 용량이 제공된다. 특히 화상 회의를 포함한 모임 및 통화 참가자 수는 2021년 6월 30일까지 300명이 허용되며 최대 모임 지속시간은 1시간이다.

다만 월 5600원을 결제하면 최대 모임 지속시간이 24시간으로 늘어난다. 월 2만 2500원을 낼 경우 참가자 수는 1만 명까지 늘어나게 된다.

코로나19로 인해 재택근무와 온라인 교육을 진행하는 곳이 많아지면서 팀즈 이용 실적도 껑충 뛰었다. 마이크로소프트에 따르면 2020년 10월 기준 팀즈의 일간 활성 이용자 수(DAU)는 1억 1500만 명 이상인 것으로 나타났다. 이는 2020년 4월 이용자 수 대비 53% 증가한 수준이다.

5 구루미(Gooroomee)[32]

화상 회의 서비스 제공 시장에 해외 기업들이 대부분인 가운데 국내 기업 중에서는 구루미를 눈여겨 볼만 하다.

구루미는 2015년에 설립된 화상 회의 기술 회사다. 구루미가 제공하고 있는 서비스는 구루미 비즈와 구루미 캠스터디다. 구루미 비즈는 기업용 화상 회의 서비스이며 구루미 캠스터디는 온라인 독서실 서비스다.

구루미 비즈는 고화질 화상 회의와 화상 교육을 모바일과 PC에서 경험할 수 있는 서비스다. 최대 100명이 동시에 참여할 수 있다. 또한 라이브 컨퍼런스를 진행할 경우 최대 10만 명이 참여할 수 있다. 구루미 비즈는 윈도우와 맥 PC에서 별도 프로그램 설치 없이 브라우저로 접속할 수 있다. 영상 탈취를 막기 위해 암호화된 서버와 통신을 사용하며 커뮤니케이션 영상과 공유 파일 자료를 저장하지 않아 높은 보안성이 특징이다.

또한 마이크로소프트(MS) 오피스, PDF, 한글 등 여러 포맷의 문서를 원본과 유사한 품질로 열람할 수 있으며 공유할 수 있다. 이외에도 화이트보드와 실시간 퀴즈, 그룹 토의 등 기능도 탑재되어 있으며 영어, 일본어, 중국어 등 외국어 서비스를 제공한다.

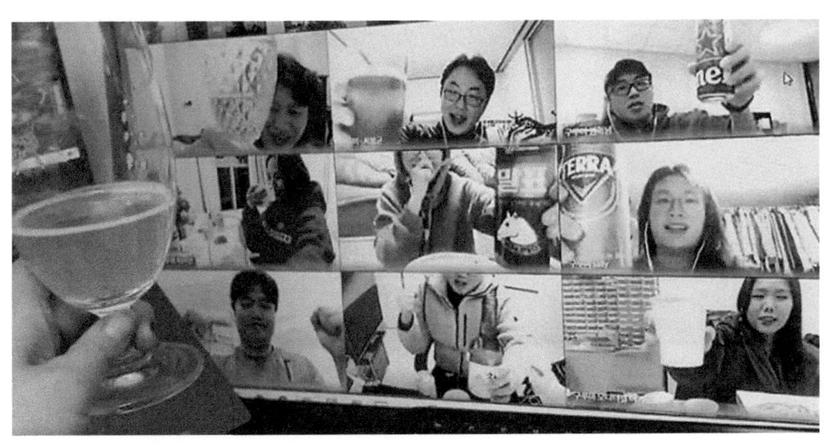

그림 2-26 구루미가 사내에서 진행한 비대면 송년 회식 모습

구루미의 요금제는 베이직(무료), 프리미엄(4900원), 엔터프라이즈로 구성되어 있다. 무료인 베이직 상품은 일대일 회의 무제한과 회의수를 최대 5개까지 지원한다. 프리미엄 상품은 3명의 게스트를 포함하여 최대 4명까지 그룹 회의 서비스를 제공한다. 그룹회의는 최대 월 24시간 사용이 가능하며 1인당 1000원에 최대 16명까지 추가가 가능하다.

또한 문서 공유, 화이트보드 작성 서비스도 무제한 제공한다.

구루미는 중소벤처기업부가 주관하는 'K-비대면 서비스 바우처 사업'에 자사의 화상회의 플랫폼 '구루미 비즈'를 공급한다. 이에 따라 수요기업은 400만 원 한도 내에서 비용의 90%까지 정부 지원금을 받고 서비스를 이용할 수 있다.

현재 구루미는 마이크로소프트의 클라우드서비스인 에저, 신세계, 한글과 컴퓨터와 공식 파트너를 맺고 있다.

온라인 자료 공유와 클라우드

1. 자료 공유의 개념과 필요성
2. 온라인 자료 공유 플랫폼

자료 공유의 개념과 필요성

1 자료 공유의 개념

우리는 수많은 것들을 공유하면서 살아간다. '공유'는 사전적 정의로 두 사람 이상이 한 물건을 공동으로 소유함이라는 뜻을 가지고 있다. 이를 조금 더 확장하면 어떤 것을 함께 나눈다(Sharing)는 의미로도 볼 수 있다. 대화 혹은 텍스트 메시지를 통하여 인간은 서로의 생각과 감정을 나누고 자신의 스마트폰을 통하여 사진과 영상을 주고받으며 서로의 일상을 공유한다.

특히 현대 사회에서는 자료를 공유하는 것을 중요하게 여긴다. 자료를 공유한다는 건 결국 자료 안에 있는 정보(Information)를 서로 나눈다는 것으로 이는 집단지성(Collective Intelligence)의 관점에서 바라볼 수 있다. 집단지성은 다수의 개체가 협력하여 얻는 집단적 능력을 활용하여 또 다른 지적 활동을 이어가는 것을 말한다.[35]

윌리엄 모턴 휠러(William Morton Wheeler)은 그의 저서 '개미 : 그들의 구조 · 발달 · 행동'을 통해 집단지성을 개미가 만드는 개미집에 빗대어 처음 제시하였다. 개미가 하나의 개체로서는 약하지만 한데 모여 군집을 형성하면 높은 지능을 발휘한다는 게 그의 설명이다.

이처럼 사람들끼리 자료와 정보를 공유하면서 새로운 지적 활동을 이어가거나 혼자서는 생각할 수 없었던 통찰(인사이트)을 얻을 수 있기 때문에 현대 사회에서 자료 공유는 중요한 요소로 꼽힌다.

2 자료 공유의 필요성

코로나19 사태로 인해 자료 공유는 필수가 되었다. 원격근무, 재택근무, 화상회의 등 비대면 활동이 늘어났기 때문이다. 그간 우리는 사무실에서 근무하면서 서류를 출력해 직장 상사나 동료에게 직접 전달하는 방식으로 자료를 공유해 왔다.

만약 코로나19가 종식된다면 다시 과거의 방식으로 돌아갈 것으로 생각하는가? 그렇지 않다. 원격근무, 재택근무, 화상회의만으로도 업무가 충분히 가능하다는 것을 지난 한 해 동안 장시간 경험하였기 때문에 과거의 방식으로 돌아가기는 어려울 것이다.

경험은 새로운 것을 시도하는 것, 도전하는 것에 대한 두려움을 해소하게 해준다. 다시 말해서 코로나19가 앞으로 우리의 업무수행 방식을 완전히 바꿔놓는 방아쇠(트리거)를 당긴 셈이다. 언택트 시대의 온라인을 통한 자료 공유는 선택이 아닌 필수가 되었다.

2 온라인 자료 공유 플랫폼

온라인에서 자료 공유를 하는 방식은 크게 두 가지다. 첫 번째, 메신저 · 소셜네트워크서비스(SNS)를 활용하는 방식과 두 번째 클라우드를 이용하는 방법이다. 이 두 가지 틀을 기준으로 자료 공유 플랫폼의 종류와 성격을 살펴보자.

1 메신저 · SNS

카카오톡

2010년 서비스를 처음 출시한 모바일 메신저로 한국에서 가장 많이 사용하는 앱으로 꼽힌다. 앱 분석업체 와이즈앱에 따르면 2018년 기준 카카오톡이 차지하는 국내 모바일 메신저 점유율은 94.4%에 달한다.

서비스 초기에는 메시지와 사진 정도를 주고받는 메신저 역할이 강했으나 현재에는 다양한 서비스를 한데 갖춘 서비스 플랫폼으로 진화하였다.

특히 PC버전이 출시되고 난 뒤 문서 파일, 음악 파일, 집 파일 등 각종 파일 전송이 용이해졌다. PC버전 카카오톡을 이용할 경우 다양한 파일을 최대 300MB까지 전송할 수 있으며 백업 · 복원, 무료통화도 가능하다.

카카오톡을 업무용으로 쓰는 이용자들이 늘어나자 카카오측은 2020년 업무용 카카오톡인 '카카오 워크'를 출시하기도 하였다.

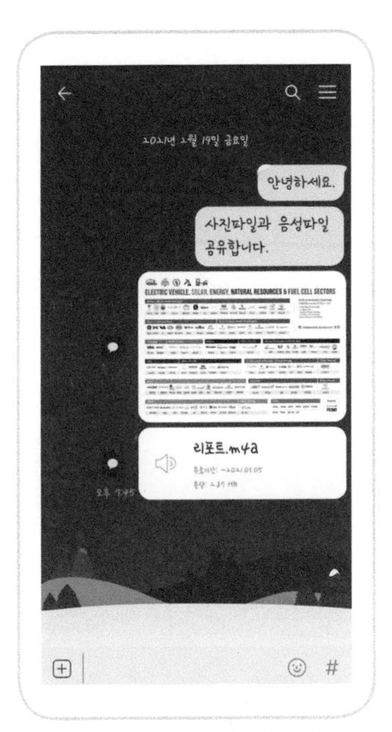

그림 3-1 카카오톡을 활용해 사진 파일과 녹음 파일 등 자료를 공유하는 모습

카카오 워크[36]

2020년 하반기 카카오가 내놓은 업무 플랫폼이다. 2020년 등장한 코로나19로 재택근무, 원격근무가 늘어나자 이 수요를 겨냥해 출시되었다. 많은 기업이 카카오톡을 업무용으로 사용하는 경우가 늘어나자 카카오가 이 시장에 승산이 있다고 판단한 것이다.

카카오 워크는 기존 카카오톡의 사용자환경(UI)을 그대로 가져간다. 기능을 살펴보면 기본적으로 직원 간 채팅이 가능하다. 업무용 카카오톡인 만큼 회사 조직도 · 임직원 목록이 제공된다. 또 직원 검색, 근무시간, 휴가 여부도 확인할 수 있다.

특히 언택트 시대를 겨냥하여 업무를 위한 전자결재와 근태관리 기능, 협업 도구의 필수인 화상회의 기능도 탑재하였다. 화상회의는 최대 30명까지 입장할 수 있다. 이를 향후 최대 200명까지 늘리겠다는 게 카카오의 계획이다.

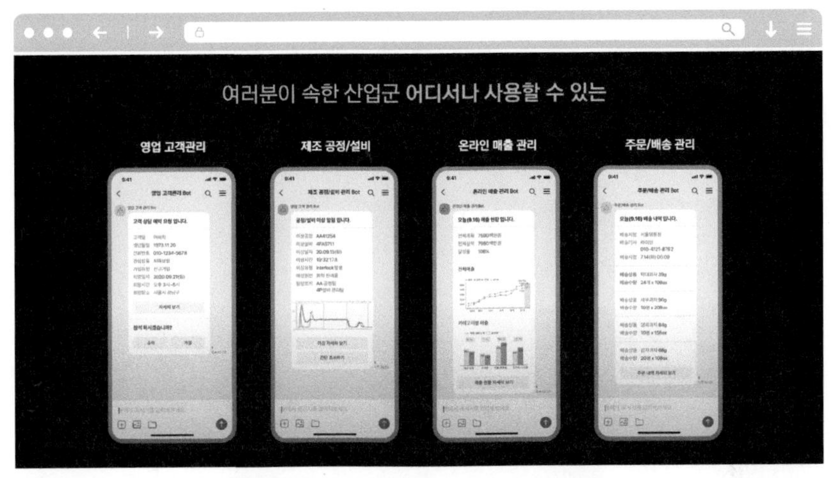

그림 3-2 카카오 엔터프라이즈가 카카오 워크 출시 온라인 기자간담회에서 카카오 워크를 통해 영업 · 매출 자료를 공유하는 모습

밴드[37]

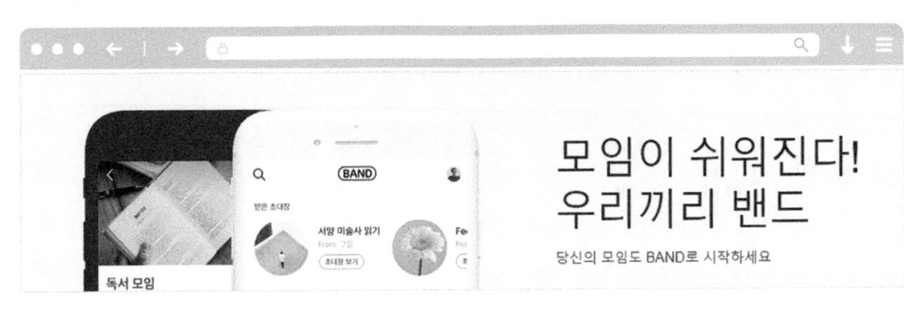

2012년 네이버에서 출시한 SNS다. 업무용 성격이 강한 카카오톡과 다르게 청소년들 사이에서는 동아리, 직장인들 사이에서는 동호회에서 많이 사용하며 친목 도모 성격이 강하다.

게시판, 채팅, 사진첩, 캘린더, 멤버 주소록 등의 기능이 있다. 모임 구성원을 관리하고 자료 공유를 원활하게 할 수 있다는 장점이 있다.

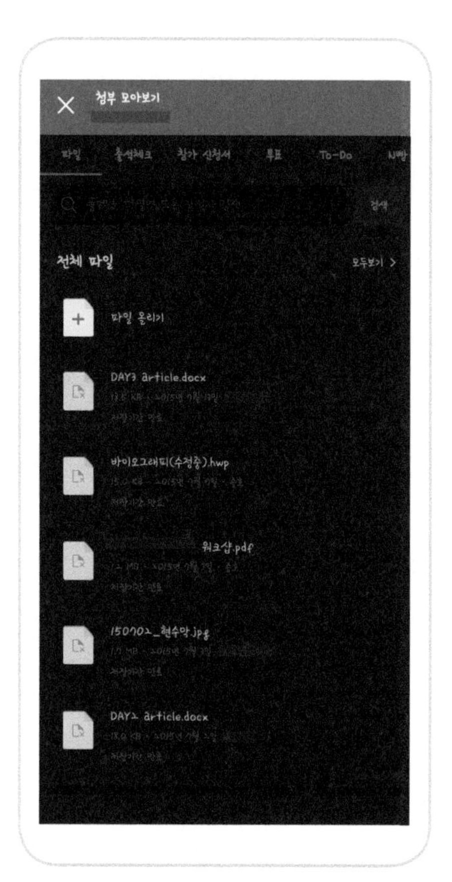

그림 3-3 밴드를 활용해 문서 파일을 공유하는 모습

2 클라우드 개념과 종류

클라우드 개념

클라우드 하면 가장 먼저 떠오르는 것이 구름이다. 클라우드는 컴퓨팅 서비스 사업자 내에 있는 서버를 외부에서 빌려 사용하는 서비스를 말한다.

하늘에 떠 있는 구름과 같은 서버에 데이터를 저장해두고 마치 구름에서 꺼내 사용하듯 온라인으로 내려받기를 통해 자료를 이용하는 서비스로 생각하면 쉽다.

인터넷이 연결된 곳이라면 언제 어디서나 클라우드를 통해 자료를 공유할 수 있는 만큼 최근에는 기업에서 클라우드를 이용하는 경우가 많다.

클라우드 기술 전문 스타트업인 ASD 코리아에 따르면 국내 기업 10곳 중 8곳이 자료 공유를 위해 클라우드 서비스를 이용하고 있다. 클라우드 서비스의 주요 용도는 팀 내 파일 공유(52%), 외부 파일공유(21%), 대용량 파일전송(5%) 등으로 조사됐다.

클라우드 종류

• 웹하드[38]

LG유플러스가 운영하고 있는 클라우드 서비스로 2000년부터 운영되었다. 운영기간이 긴 만큼 국내 1세대 클라우드 서비스로 꼽힌다. 웹하드는 파일 형식과 개수 제한 없이 파일 업로드와 공유가 가능하다. 특히 게스트 사용자를 위한 폴더가 따로 있고 폴더별로 권한을 부여하고 비밀번호를 설정할 수 있다. 아울러 사용자 아이디 생성에 따로 제한을 두지 않아 무한으로 생성이 가능하며 계정별로 웹하드 사용 용량을 설정할 수 있다.

웹하드는 협업 기능도 갖추고 있다. 프로젝트별로 파일 공유, 의견 나누기 등의 서비스를 제공해 팀 내 빠른 의사소통을 가능하게 해준다. 의견 나누기 서비스는 파일의 내용을 보면서 실시간으로 의견을 공유할 수 있는 기능이다. 또 화면 체크 기능을 통해 문서 위에 도형을 그리거나 문구를 직접 작성할 수 있다.

다만 웹하드는 다른 업체가 운영하는 클라우드 서비스와 달리 무료 서비스가 없고 요금제가 비싼 편이다. 이 때문에 개인보다 기업들이 많이 이용하고 있다.

웹하드에 따르면 현재 일반형 요금제와 비즈니스 요금제로 나눠 서비스하고 있다. 일반형 요금제의 경우 최소 월 9900원부터 최대 4만 9500원까지 나눠져 있다. 제공되는 용량은 2GB~20GB까지다. 최근 고용량 영상 파일이 많아진 만큼 제공되는 서비스 용량이 많이 아쉬운 편이다.

비즈니스 요금제를 이용하면 더 큰 용량을 제공받을 수 있다. 제공 용량은 60GB, 500GB, 1000GB로 나누어져 있다. 60GB 요금제의 월 이용 가격은 14만 8500원, 500GB는 39만 6000원, 1000GB는 69만 3000원이다.

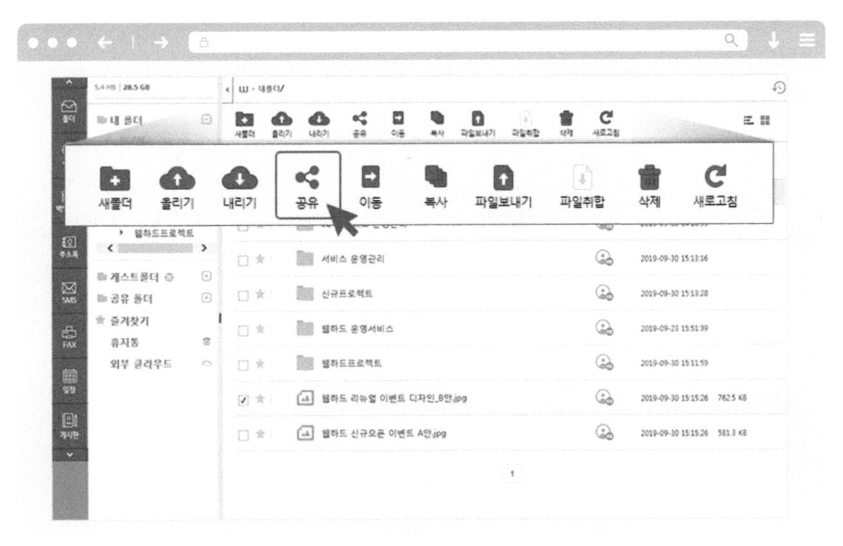

그림 3-4 웹하드를 활용해 파일을 공유하는 모습

그림 3-5 웹하드를 활용해 문서에 대한 의견을 나누는 모습

• 구글 드라이브

구글에서 제공하는 클라우드 서비스다. 자료를 저장하는 기본 클라우드의 기능뿐만 아니라 주변 사람들과 자료를 공유하는 것은 물론 공동으로 작업하는 기능까지 뛰어나다. 워드프로세서, 스프레드시트, 프레젠테이션 등 다양한 문서와 호환이 되어 문서 뷰어 기능이 좋다.

구글에 따르면 구글 아이디만 있다면 15GB를 기본 용량으로 무료 제공한다. 15GB는 고화질 동영상을 비롯하여 각종 문서, 음원 등을 저장 공유할 수 있다.

용량이 부족하다고 느끼면 유료 결제를 통해서 클라우드 용량을 늘릴 수 있다. 100GB의 경우 월 2400원의 비용을 지불하면 된다. 이어 200GB의 가격은 월 3700원, 2TB는 월 1만 1900원 수준이다.

업무용 구글 드라이브는 매월 5달러(비즈니스 스타터)~20달러(비즈니스 플러스) 수준의 비용을 내면 쓸 수 있다. 비즈니스 스타터 상품을 이용할 경우 100명이 참여할 수 있는 화상 회의 서비스와 더불어 사용자당 30GB의 클라우드 저장용량을 제공한다.

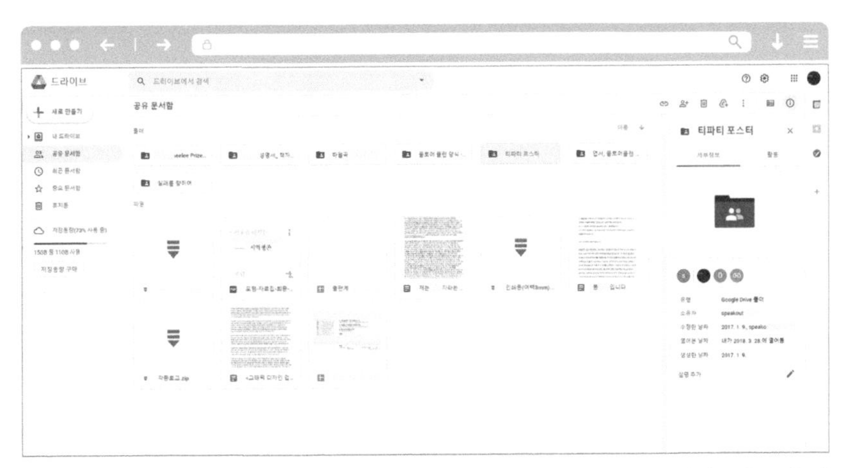

그림 3-6 구글 드라이브에서 공유 폴더를 통해 자료를 공유하는 모습. 화면 오른쪽에 파일 업로드 날짜 및 수정 내역이 표시된다

• **네이버 마이박스**(구 네이버 클라우드)[39]

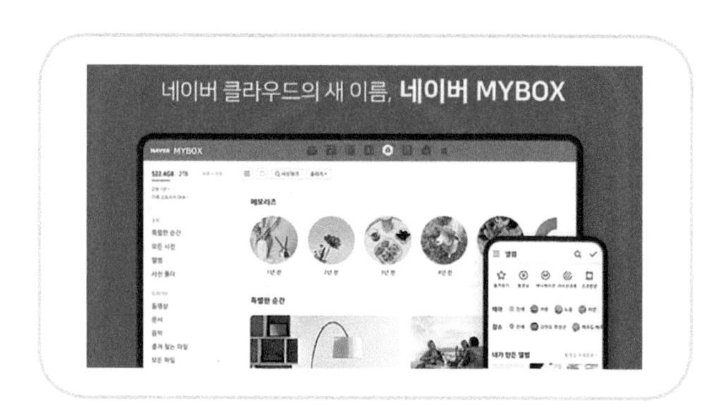

국내 포털 기업 네이버가 제공하는 클라우드 서비스다. 그간 네이버 클라우드라는 명칭으로 서비스 하다가 2020년 11월부터 네이버 마이박스라는 명칭으로 변경하였다. 30GB라는 상대적으로 넉넉한 용량을 제공한다. 사진과 문서 자료를 저장하는 기본 기능 외에도 강력한 편집기능을 제공한다. 이에 사진 편집부터 문서 조회 · 편집까지 가능하다. 네이버 메일, 블로그를 사용하는 사람이라면 네이버 마이박스와 연동되어 편리하게 이용할 수 있다.

특히 이번에 네이버 마이박스로 리뉴얼 되면서 사진 분류, 정리 기능이 더욱 강화되었다. 연월일 요약 및 자동 앨범 기능이 추가된 것이 대표적이다. 또 사진을 장소, 일자, 테마별로 검색할 수 있는 기능도 탑재되었다.

프리랜서나 소상공인이 사용할 수 있는 기능도 추가되었으며 고객 관련 정보를 안전하게 관리하고 공유할 수 있는 협업 기능이 신규로 들어갔다.

'자동 앨범' 기능을 통해 쉽게 사진을 분류하고 저장할 수 있고 이용자가 수많은 사진을 장소, 일자, 테마별로 검색할 수 있도록 기능을 추가하였다.

만약 무료로 제공하는 30GB의 용량이 부족하다고 느낀다면 결제를 통해 네이버 마이박스의 저장 공간을 늘릴 수 있다. 네이버에 따르면 월 3000원, 연 3만 원을 내면 무료 30GB에 100GB를 추가로 쓸 수 있다. 최대 20GB에 달하는 파일도 한 번에 업로드 가능하다.

고화질, 영상 등 대용량 파일 보관이 필요하다고 느낄 경우에는 월 5000원, 연 5만 원을 지불하면 네이버 마이박스를 300GB 용량으로 이용할 수 있다. 또 월 1만 원, 연 10만 원을 낼 경우 무료 30GB에 2TB를 추가로 쓸 수 있다.

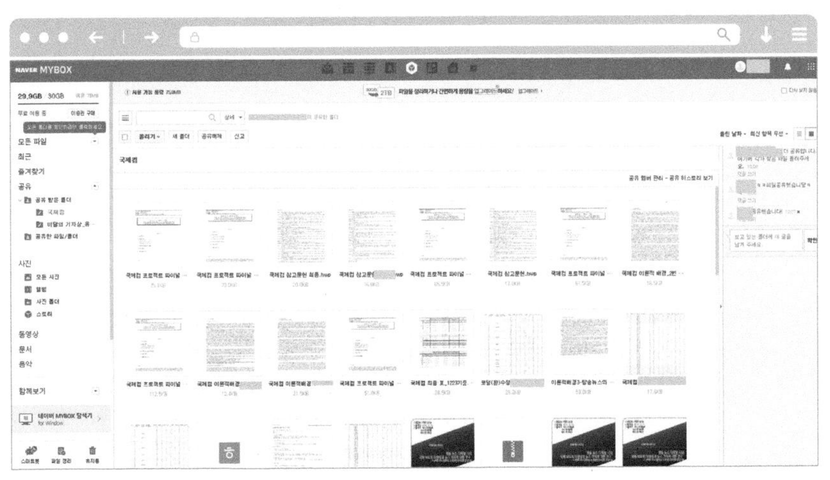

그림 3-7 네이버 마이박스를 통해 자료를 문서 등 자료를 공유하는 모습. 화면 오른쪽 채팅을 이용해서 의견을 공유할 수 있다

• 드롭박스[40]

미국 샌프란시스코에 본사를 두고 있는 미국 클라우드 서비스 기업으로 해외에서 가장 지명도가 높다. 드류 휴스턴이 드롭박스 창립자다. 드롭박스는 휴스턴이 버스 안에서 자신의 작업 파일을 가져오지 않았다는 것을 알게 된 후 코딩하여 만들었다는 게 시초로 알려졌다.

현재 드롭박스는 한국에서 서비스를 하고 있다. 드롭박스 공식 홈페이지에 따르면 개인용과 팀용으로 나누어서 서비스를 제공 중이다. 개인용의 경우 베이직(무료), 플러스(유료), 업무용(유료)으로 제공된다.

베이직은 2GB의 용량을 무료로 이용할 수 있는 상품이다. 적은 양의 파일을 빠르게 사용하거나 공유할 목적이라면 베이직이면 충분하다. 다만 2GB라는 적은 용량 탓에 문서 종류나 일부 음악 파일 정도만 가능하며 고화질의 영상을 공유하기에는 부족하다.

플러스는 2000GB의 용량을 제공한다. 이용료는 매월 11.99달러(약 1만 3000원)다. 연 단위로 청구할 경우 월 이용료는 9.99달러(약 1만 1000원)다. 2TB(테라바이트) 수준의 넉넉한 용량으로 고화질의 영상을 비롯하여 다양한 자료를 저장, 공유할 수 있다.

업무용은 3000GB의 용량을 사용할 수 있는 상품이다. 또 장치를 개수 제한 없이 연결할 수 있다. 파일을 수정하였거나 삭제한 작업 가운데 180일 이내 파일이 있다면 이를 취소할 수도 있다. 가격은 매월 19.99달러(약 2만 2300원)이며 연 단위로 청구할 경우 월 이용료는 199달러(약 22만 2000원)다.

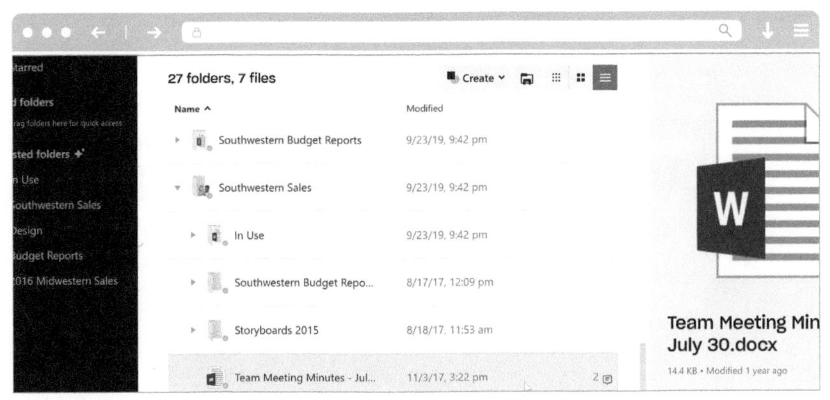

그림 3-8 드롭박스를 활용해 자료를 공유하는 모습

• 아이클라우드

애플의 아이폰이나 아이패드를 사용하는 사람이라면 한 번쯤 들어보았을 애플의 클라우드 서비스다. 아이폰, 아이패드, 맥북을 포함한 애플의 다양한 기기에서 사진, 파일, 메모 등을 볼 수 있다. 무엇보다 아이클라우드의 장점은 동기화다.

예를 들면 아이폰에서 사진을 찍으면 촬영된 사진이 아이클라우드에 자동으로 전송되고 이 사진 파일을 아이패드, 맥북 등 자신이 소유한 다른 애플 기기에서 볼 수 있다. 지속해서 동기화가 이뤄지기 때문에 사진, 파일 등이 최신 상태를 유지한다는 장점이 있다.

또한 백업 능력도 우수하다는 평가를 받는데 아이클라우드 안에 아이폰, 아이패드 등 사용자의 기기 데이터를 수시로 백업해 둔다.

이외에도 분실된 기기 찾기 기능도 제공한다. 애플 사용자가 기기를 분실했을 경우 아이클라우드 닷컴에 들어가 나의 아이폰 찾기를 사용하면 분실된 아이폰 위치를 찾을 수 있으며 원격으로 내부 데이터 삭제도 가능하다.

아이클라우드의 기본 제공 용량은 5GB이지만 추가 요금을 내면 더 큰 용량으로 사용할 수 있다. 가격은 50GB의 경우 월 1100원이며 200GB는 월 3300원이다. 2TB의 가격은 월 1만 1100원이다. 특히 50GB와 2TB로 업그레이드할 경우 아이클라우드를 가족과 공유할 수 있다. 가족 구성원은 최대 6명까지 추가 가능하며 가족 대표만 가족 구성원을 추가할 수 있다.

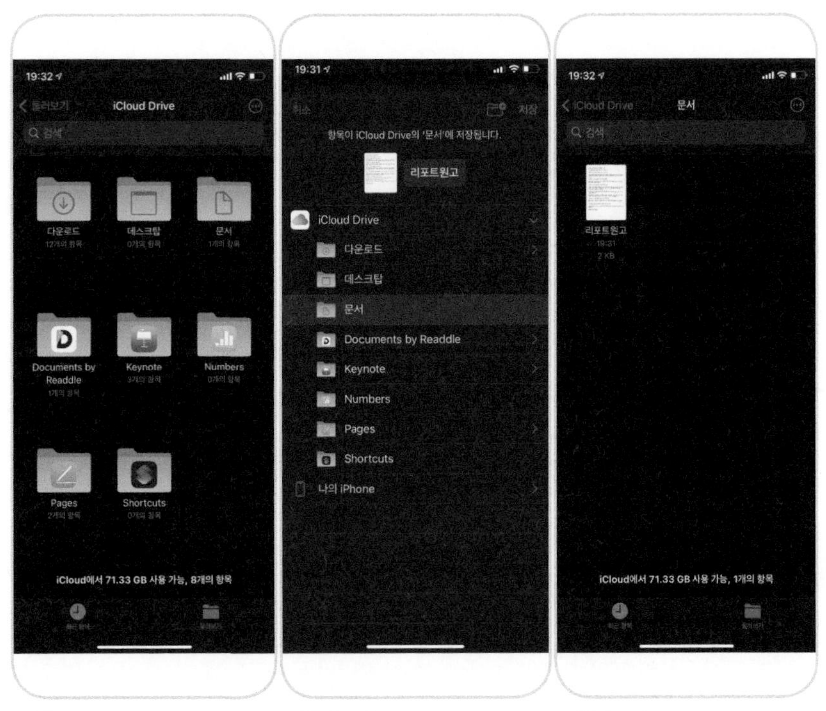

그림 3-9
아이클라우드 메인 화면

그림 3-10
아이클라우드를 통해 문서 파일을 업로드 하고 공유하는 모습

그림 3-11
아이클라우드에 문서 파일 저장이 완료된 모습

3 네이버 마이박스와 구글 드라이브

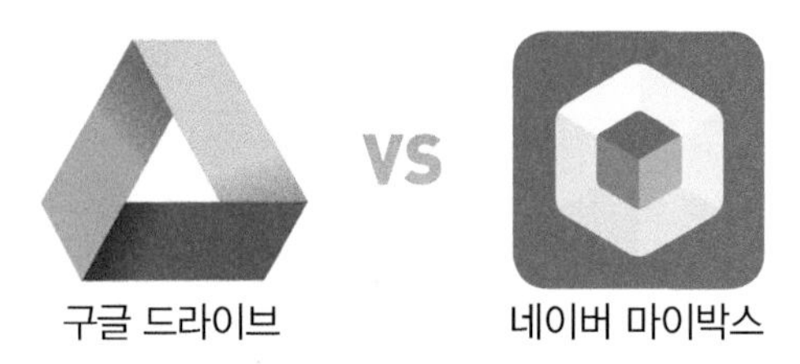

온라인 자료 공유 플랫폼은 메신저 형태부터 클라우드까지 다양하다. 이 중 국내에서 가장 많이 쓰는 클라우드인 네이버 마이박스와 구글 드라이브의 차이점은 다음과 같다.

네이버 마이박스와 구글 드라이브는 클라우드 서비스라는 큰 틀에서 동일하다. 하지만 서비스 특징을 중심으로 살펴보면 사용 목적에 따라 달리 사용할 수 있다.

네이버 마이박스는 중요한 사진, 문서, 파일 등을 저장해두는 개인 자료 백업용 목적으로 사용하기 좋다. 네이버 아이디만 있으면 30GB의 넉넉한 용량을 기본 무료로 받을 수 있기 때문에 저장 공간이 부족하거나 개인 중요 파일을 보관하는 용도로 활용하기에 적합하다.

특히 네이버 마이박스가 제공하는 스마트폰 사진 자동 저장 기능을 이용하면 더 편리하게 개인 사진을 백업할 수 있다. 스마트폰 사진 자동 저장은 스마트폰으로 사진을 찍으면 자동으로 네이버 마이박스에 저장하는 기능이다. 다만 사진을 찍으면 모든 사진이 자동으로 업로드 되기 때문에 저장을 원하지 않는 사진 파일도 저장될 수 있다는 단점이 있다.

업로드 된 사진을 네이버 포토에디터로 편집할 수 있다는 점은 네이버 마이박스의 매력적인 요인으로 꼽힌다. 이렇게 편집한 사진을 클라우드에 바로 저장할 수 있고 자신의 스마트폰으로 다운로드할 수 있다.

네이버 마이박스는 개인의 사적 자료를 보관하기 위한 클라우드로 사용하기 좋지만 구글 드라이브는 문서작성 및 공동작업 등 업무용으로 쓰기 적합하다. 구글 드라이브에서는 클라우드 기반의 문서, 스프레드시트, 프레젠테이션을 만들 수 있다. 문서를 저장하는 버튼이 없기 때문에 평소 한글이나 마이크로소프트(MS)의 워드, 엑셀 등을 주로 사용해왔던 사용자라면 생소할 수 있다. 하지만 구글 드라이브의 경우 문서의 모든 변경 사항이 자동으로 저장되기 때문에 걱정하지 않아도 된다.

구글에 따르면 구글 드라이브의 문서, 스프레드시트, 파워포인트는 문서 작업을 공유하고 있는 다른 작업자와 댓글 등으로 소통을 하며 공동으로 작업할 수 있다. 특히 스프레드시트의 경우 데이터 분석 기능을 제공한다.

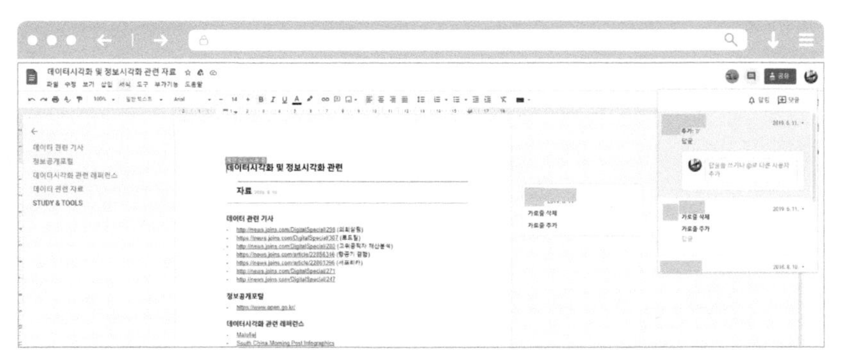

그림 3-12 구글 드라이브를 활용해 댓글 등 소통을 하며 문서를 수정하는 모습

강력한 호환성도 구글 드라이브의 특징으로 꼽힌다. 공동으로 업무 작업을 할 때 간혹 프로그램의 버전이 맞지 않거나 특정 파일 형식을 지원하지 않아 문서가 열리지 않는 경우를 경험한 적이 있을 것이다. 구글 드라이브는 이와 같은 문제를 해소하기 위해 파일 형식을 바꾸지 않고 MS 오피스 파일로 공동 작업이 가능하도록 구현했다. 아울러 PDF, CAD 파일, 이미지, 동영상 등 100가지 이상의 파일 형식을 지원한다.

만약 급하게 문서를 수정해야 할 일이 생겼는데 인터넷을 사용할 수 없는 외부에 있더라도 걱정할 필요가 없다. 구글 드라이브는 인터넷에 연결되지 않은 오프라인 상황에서도 문서, 프레젠테이션 파일 등을 만들 수 있으며 수정도 가능하다. 이럴 경우 인터넷이 연결되면 수정된 문서 내용이 자동으로 동기화된다.

그림 3-13 구글 드라이브에서 오프라인일 경우에도 문서, 스프레드시트, 프레젠테이션 파일 등을 수정 할 수 있도록 설정을 변경하는 모습

구글 드라이브는 정보 보안에도 탁월하다. 여러 사용자와 공동 업무 작업을 쉽게 할 수 있도록 설계된 만큼 보안은 매우 중요하다. 구글에 따르면 구글 드라이브에는 데이터 손실 방지(DLP) 기술이 적용되었다. 이를 통하여 구글 드라이브는 파일에 민감한 정보가 있는지 지속적으로 검사하고 회사 내부의 사람이 아닌 외부 사용자가 파일에 접근하지 못하도록 보호한다.

Chapter 04

효과적인 피드백

1 피드백의 개념과 중요성

1 피드백의 개념

피드백이라는 용어는 어떤 행위나 서비스에 대해 의견을 주고받는 환경에서 사용된다. 어떤 사람의 행동이나 결과물과 관련해 타인이 정보를 제공하고 비판하며 견해를 제공하고 평가하는 것을 피드백이라고 한다. 개인의 행동에 관한 유용한 정보나 비판을 설명하는 데 사용되는 피드백은 해당 정보를 사용하여 현재와 미래의 행동을 조정하고 개선하기 위해 본인이나 다른 개인 또는 그룹에게 전달되기도 한다. 프레젠테이션을 하고 난 뒤 프레젠터가 '청중에게서 받는 피드백', 물건을 사고 나서 기업에게 '소비자가 주는 피드백'처럼 쓰인다.

마케팅에서 피드백은 보다 구체적으로 신제품이 성공적인지 또는 좋은 것인지 등에 관한 견해를 진술하거나 정보를 제공하는 것을 뜻한다.

피드백은 환경이나 행동에 반응할 때 발생한다. '고객 피드백'은 회사의 제품, 서비스 또는 정책에 관한 구매자의 반응이며 '직원성과 피드백'은 직원의 업무에 관한 관리자의 반응이다. 피드백은 개인, 그룹, 조직의 개선과 향상에 도움을 주며 피드백에 담긴 견해와 정보는 더 나은 결정을 내리는데 기여한다.

발전적인 사람이나 기업, 조직은 피드백을 중요시하며 피드백을 받아들여 오류를 수정하고 미흡한 부분을 개선해 나아간다. 정보 · 통신기술의 발달은 더욱 쉽게 피드백을 주고받게 하며 데이터를 수집해 환경을 개선하고 발전시키는 과정을 수월하게 만들어주고 있다.

2 피드백의 종류

긍정적 피드백

긍정적인 피드백은 받는 사람의 기대와 거의 일치하며 상호 보완적이고 만족스러운 방식의 피드백이다. 긍정적인 피드백은 동기를 유발시켜 보다 나은 성과를 올리도록 돕기도 한다. 여기서 동기란 어떤 목표를 향해 나아가도록 이끄는 욕구를 말하는데 인간의 행동을 지속시키는 원동력이 된다.[41] 예를 들어 돈, 칭찬, 상, 타인의 인정은 사회적인 보상이자 긍정적인 피드백으로 작용하여 인간의 행동과 결정을 지속시키고 강화한다.

하지만 긍정적인 피드백을 받았다고 해서 반드시 좋은 성과를 거두는 것은 아니다.[42] 때로는 실패에 관한 걱정이나 경계심이 칭찬보다 더 좋은 결과를 가져오기도 한다.[43] 심지어 금전적인 인센티브나 격려가 성과를 방해하고 독이 되는 경우도 있다. 시험 성적이 좋다고 교사로부터 칭찬을 받은 학생들이 다음 번 시험에서는 자기 과신으로 인해 저조한 성적을 보이는 사례도 적지 않다.[44] 긍정적인 피드백이 성과를 거두려면 구체적이면서도 제한적인 평가를 제시해야 한다. 무조건 훌륭하다, 잘 했다, 좋다고 하기 보다는 “당신의 보고서는 현 상황을 최신 통계 자료를 이용해 분석하였고, 타깃을 30대 초반 싱글 여성으로 분명하게 잡아 특성을 잘 파악하였습니다.”라고 하는 것이 효과적이다.

부정적 피드백

부정적인 피드백은 비판적이기 때문에 전달하는 방식이 매끄럽지 않으면 거부되기 쉬우며 받는 사람에게 불쾌감을 주거나 감정을 상하게 한다. 비난이나 고통, 벌금과 같은 처벌은 부정적인 피드백으로 작용해 스스로 내린 결정을 철회하거나 행동을 수정하는 원인이 될 수 있으므로 주의한다.[45] 긍정적인 피드백이 항상 긍정적인 결과를 가져오는 것이 아닌 것처럼 부정적인 피드백 역시 단기적으로는 참가자들의 성과를 향상시킬 수는 있지만 장기적으로는 활력과 동기를 저하시킬 수 있다.[46] 부정적인 피드백은 상대를 낙담시키고 혼란에 빠트리며 경계심을 갖게 하므로 신중하게 판단해야 한다.

중립적 피드백

중립적 피드백은 감정을 개입시키지 않으며, 더 나은 성과를 위해 객관적으로 평가하고 좋거나 나쁘다는 식으로 말하지 않는 균형 잡힌 방식의 피드백이다.

보고서에 관한 피드백을 줄 때 "당신의 보고서는 내용이 조잡하고 맞춤법이 엉망이며 읽을 가치가 없다."라고 한다면 이것은 부정적이고 가혹한 피드백이다. 하지만 "당신의 보고서는 현재 당면한 문제를 크게 세 가지로 적시하였고, 목표를 구체적으로 수치화하여 설정하였습니다. 문장이 명료하고 최신 통계 자료를 사용했습니다. 몇 군데 오타를 수정하고 관련해서 미국의 최신 자료를 추가할 필요가 있습니다. 전반적으로 훌륭한 보고서라고 평가합니다."라는 피드백은 중립적이고 구체적이기 때문에 피드백을 받은 사람은 어떤 식으로 보고서를 수정해야 되는지 스스로 깨닫게 된다.

균형 잡힌 피드백은 개선해야 할 사항뿐만 아니라 잘 수행되는 작업에 관한 피드백을 제공하여 긍정적인 행동을 강화한다. 긍정적인 면과 부정적인 면을 평가하되 감정의 개입이 없으며 성과의 개선을 고려하기 때문에 상대는 이것을 발전적으로 수용한다.

3 피드백이 중요한 이유

피드백은 언제 어디서나 발생한다.

피드백은 원하기만 하면 언제 어디서나 일어날 수 있다. 학생은 교수에게 보고서의 장단점을 물어보고 피드백을 받을 수 있으며 교수는 학생들에게 수업의 장단점이나 개선 사항에 관한 피드백을 받을 수 있다. 오히려 피드백이 존재하지 않는 것이 거의 불가능할 정도로 피드백은 항상 우리 주변에 존재한다.

피드백은 경청의 한 형태이다.

구두나 설문조사, 이메일 등 어떤 형태로 피드백이 수행이 되었다면 피드백을 제공하는 사람은 자신이 상대의 이야기를 잘 듣고 이해했으며, 피드백이 어느 정도의 가치를 제공하는지 안다는 것을 표시한다.

피드백은 동기를 부여한다.

피드백을 받는 사람은 자신의 아이디어나 제안, 행동에 대해 더 나은 가치를 창출하기 위해 피드백을 요청한다. 피드백은 더 나은 성과를 내고 더 나은 관계를 구축하는데 있어 동기를 부여한다.

피드백은 성과를 향상시킨다.

피드백을 비판이나 흠집 잡기로 인식하기도 하지만 사실 피드백의 비판은 건설적이며 성과를 개선하고 향상시키기 위한 것이다.

2 생산적인 피드백

피드백은 건설적인 비판으로 비판을 위한 비판이나 비난과는 차원이 다르다. 따라서 상호 신뢰를 바탕으로 진정으로 상대의 발전을 바라며 긍정적인 방식을 취해야 한다. 사람들이 피드백을 기피하고 그 과정을 곤혹스럽게 여기는 이유는 피드백에 관한 잘못된 인식과 관행에서 기인한다. 성과를 지향하며 개선을 추구하고 발전을 기대한다면 피드백은 필수적이며 이 때 올바른 방법으로 신중하게 피드백이 수행되어야 한다. 피드백은 생각나는 대로 주는 것이 아니라 전략적으로 시행되어야 하기 때문에 피드백이 제대로 되기 위해서는 훈련이 필요하다. 생산적인 피드백을 주기 위해서는 다음과 같은 점을 고려한다.

1 건설적인 피드백

피드백을 제공하기 전에 목적이 무엇인지 다시 한 번 확인한다. 피드백의 목적은 상황이나 성과를 개선하고 발전을 이루는 것이다. 가혹하거나 공격적인 비판으로 상대를 주눅 들게 하거나 곤혹스럽게 한다면 그것은 피드백의 목적에 부합하지 않는다. 개선에 초점을 맞춘 공정하고 균형 잡힌 피드백을 받은 상대는 더 나은 결과를 얻기 위해 수정하고 보완할 것이며 피드백을 준 사람에게 고마움을 느끼게 된다.

2 시의적절한 피드백

타이밍을 놓친 피드백은 효과를 거두기 어렵다. 가급적 시의적절하게 즉각적으로 피드백을 제공하는 게 좋다. 만약 상대가 감정적으로 흥분한 상태라면 시간을 좀 두고 피드백을 해야 하며, 상대가 지나치게 의기소침해져 있다면 우선 긍정적인 피드백으로 자신감을 갖게 한다. 반면 지나치게 자신감이 넘쳐 문제를 제대로 파악하지 못한다면 적절한 피드백으로 신중하게 문제에 접근하도록 유도한다.

3 지속적인 피드백

피드백은 이벤트성으로 어쩌다 한 번씩 제공되기 보다는 일정한 주기를 갖고 규칙적이면서도 지속적으로 제공되는 것이 효과적이다. 이는 피드백을 받는 사람과 주는 사람 모두에게 정기적인 스케줄로 인식하게 하며 준비태세를 갖추도록 한다.

4 구체적인 피드백

“당신은 항상 뭐든지 다 잘하는군요.”라고 말한다면 그것은 피드백이라고 볼 수 없다. 피드백을 주고 싶은 부분을 구체화해야 하며 전달하는 내용과 방식을 분명히 해 일

반화를 피한다. 기획 전문가가 광고에 관해 피드백을 줄 때 음악 분야를 잘 모르면서도 음악 부분을 언급한다면 전문성이 떨어지고 신뢰를 잃게 된다. 따라서 자신이 잘 아는 전문 분야에 한해 피드백을 제공하며 상대에게 개선해야 할 점을 명확히 알려준다.

5 설교하지 않는다.

피드백의 전체 목적은 성능을 향상시키는 것이며 피드백은 훈수를 두거나 설교하는 것과는 다르다. "좋다", "나쁘다", "필수적이다", "당연하다"와 같은 단어는 가급적 피하고 상대를 배려하는 언어를 사용하며, 양방향 소통이 이루어지도록 한다.

3 온라인 피드백

1 온라인 피드백의 종류

온라인을 이용한 피드백 방식은 별점을 주는 간단한 방식에서부터 각 질문의 문항에 대해 1-5, 또는 1-10까지 숫자로 계량화하여 응답하는 것, 단답형, 주관식 응답, 이메일 피드백, 온라인 화상 피드백 등 다양하다.

교사나 프레젠터, 마케터, 관리자는 구글서베이나 각종 온라인 템플릿을 이용해 손쉽게 온라인 피드백을 시행하고 결과를 종합해 분석할 수 있다.

예) 직원들의 회사에 관한 피드백 조사 방식

- 각 문항에 대해 1-5까지의 숫자로 표시하고 간략한 서술형 응답을 기재하도록 한다.

1. 나는 직장에 오는 것이 즐겁다.
2. 지인에게 이 직장을 추천하겠는가?
3. 직장이 나에게 제공하는 혜택에 만족한다.
4. 직장내 의사소통이 자유롭다.
5. 우리 직장은 평등한 문화가 확산되어 있다.
6. 그 밖의 의견이 있으면 자유롭게 기술해 주세요.

2 온라인 피드백 운영방식

이용자나 고객의 온라인 피드백에 관한 반응은 기업과 조직의 평판과 신뢰에 영향을 주기 때문에 신중해야 한다. 온라인 에티켓을 준수하며 상대방의 의향을 정확히 파악하고 부정적인 피드백에 대해서도 적절하게 대처한다. 기업이나 조직의 온라인 피드백 운영을 위해서는 다음과 같은 것을 고려한다.

- 일관성 있는 지침을 마련한다.
- 피드백을 분석하고 항목별 카테고리를 구성한다.
- 온라인 피드백 프로세스를 정한다.
- 신속히 대응한다.
- 상대를 존중하며 경청하는 자세로 응한다.
- 피드백을 건설적 응답이라고 생각하며 대응한다.
- 전문적이면서도 절제된 방식으로 응답한다.

3 성공적인 온라인 피드백 주고받기

온라인 피드백을 주는 방법

- 온라인 피드백을 요청하는 서베이나 리뷰의 링크가 온다면 그 기능을 활용해 응답한다.
- 보고서나 영상, 사진 등에 관해 주관식 서술 방식의 피드백을 요청할 경우 문서의 메모 기능을 활용한다.

- 펜슬 기능을 이용해 피드백을 준다.
- 동영상의 피드백은 가급적 시간을 체크해 구체적으로 피드백을 준다.
- 균형 잡힌 피드백이 되도록 한다.

온라인 피드백을 받는 방법

- 이메일이나 채팅 기능 등을 이용해 피드백을 받을 수 있는지 의사를 확인한다.
- 상대가 피드백을 줄 수 있다고 하면 관련 링크나 자료를 보내고 수신여부를 확인한다.
- 이메일로 자료를 보낼 경우 다운받기 쉬운 형식의 파일로 전송하고 자료의 용량이 클 경우 드라이브로 공유한다.
- 특별히 피드백을 받고 싶은 부분이 있다면 그 부분을 체크해 상대에게 전달한다.
- 피드백을 받고 난 뒤 고마움을 표시하고 피드백에 따라 개선된 내용을 다시 전달한다.
- 상대가 다시 피드백을 보내오면 마지막으로 한 번 더 고마움을 표한다.

■ 표 4.1 온라인 피드백 예시1. 온라인 수업 모니터링 후 피드백

강의명	테니스	모니터 일시		작성자	○○○
강의 이미지	 				
내용	• 체육실습 수업으로 테니스 동작의 설명과 직접 모션을 보여주는 강의 • 카메라를 고정 설치하고 혼자서 영상을 찍는 방식 • 테니스장을 사용하여 전체 수업 과정과 수업의 내용을 설명함				
강점	• 강사가 직접 움직이면서 하나하나 동작을 자세하고 친절하게 설명해 줌 • 발음이 정확하고 쉽게 내용을 전달함 • 강의 마무리 단계에서 앞의 설명 내용을 다시 한 번 짧게 텍스트로 요약하여 제시해 줌으로써 학생들이 수업 내용을 복습하고 정리하는 시간을 줌				
수정·보완 사항	• 전체 수업 중 이론 설명과 실습설명이 구분되지 않고 원테이크로 이루어진 관계로 교수가 설명할 때 숨이 차는 경우가 가끔 있음 • 텍스트로 요약할 때 배경화면의 그림이 설명에 맞도록 제시되면 좋을 것임 • 수업을 마칠 때 마무리 멘트가 필요함 • 관련 용어를 설명할 때 자막이 제시될 필요가 있음				
제안	• 한 명의 시범 조교가 있고, 강사가 일정한 자세를 시범 조교에게 알려주면서 교정하는 수업형태를 제안함 • 테니스공이 자동으로 튀어나오는 도구가 있으면 보다 쉽게 강의를 진행할 수 있을 것임				

■표 4.2 온라인 피드백 예시 2: 기획안에 대한 피드백

잡지 기획안

피드백
• 게임이라는 주제를 단계별로 구성해 잡지를 만드는 것이 새로운 방식이 될 수 있습니다. • 그러나 자칫 게임입문서로 보일 수도 있으며 특히 튜토리얼이 들어감으로써 게임 방식을 설명하거나 입문에 대한 교육 자료의 느낌을 줍니다. • 현재 구성은 게임에 대한 안내책자의 느낌이 강한데 게임정보전문 매거진인지, 게임 교육이나 안내에 관한 책자인지 성격을 명확히 할 필요가 있습니다. • 서론, 본론을 빼고 stage 1, 2, 3, 4 보너스 스테이지로 구성하는 것에 대해서도 생각해 보기 바랍니다.

Chapter 05

온라인 일정관리 프로그램

1 일정관리의 중요성

1 시간 활용

‘멋진 신세계’를 쓴 영국의 작가이자 비평가인 올덕스 헉슬리는 “시간은 누구에게나 공평한 24시간이면서도 공평하지 않은 24시간”라고 하였다. 어떤 사람에게는 길고 지루한 시간이지만 다른 사람에게는 짧고 정신없는 시간이거나 효율적이고 알찬 시간이 된다. 미국의 100달러 지폐에 등장하는 인물인 벤자민 프랭클린(1706-1790)은 열 살 때부터 인쇄공으로 일하며 학교도 제대로 다니지 못했지만 시간을 잘 관리하고 끊임없이 자신의 능력을 계발하였다. 그는 인생을 이루는 실질적인 재료는 바로 시간이며 똑같은 출발선에서 시작했더라도 앞서거나 뒤처지는 사람이 있는 것은 주어진 시간을 어떻게 사용했느냐에 달려 있다고 하였다. 프랭클린은 시간을 계획하고 정해진 스케줄에 따라 하루하루를 보냈으며 특히 3시간의 독서와 자기계발, 5시간의 식사와 여가, 7시간의 취침, 9시간의 일로 하루 24시간을 분배한 그의 3, 5, 7, 9 법칙은 널리 알려져 있다. 이처럼 시간을 효율적으로 관리하고 자신의 삶에 부단한 노력과 열정을 쏟은 프랭클린은 미국의 정치가이자 외교관, 과학자, 작가, 경영인이 되었으며 하버드대학에서 명예박사 학위까지 받은 역사적인 인물이 되었다.[47]

시간을 어떻게 느끼는가 하는 것은 순전히 시간을 어떻게 관리하고 운영하는가에 달려 있다. 아날로그 시대에는 수첩이나 다이어리를 이용해 펜으로 적고 지우며 일정을 관리하였다. 그러나 인터넷이 발달하고 모바일 애플리케이션이 개발되면서 효율적으로 시간을 분배하여 일정을 관리하는 기술이 점점 발전하고 있다. 학업이나 업무에 과부하가 걸린다면 먼저 자신이 시간을 어떻게 사용하고 있는지 기록해 본다. 혹시 미루는 습관이 있거나 지나치게 오지랖이 넓지는 않은지 점검한다. 만약 다른 사람의 일에 많은 시간을 할애하고 있다면 직접 그 일을 하기보다는 의견을 제시하거나 거절하는 방법을 배울 필요가 있다. 그런 다음 자신이 세운 목표의 우선순위를 정하고 시간을 어떤 순서로 어떻게 사용할지 밑그림을 그려 본다. 이렇게 기본 원칙을 정했으면 자신에게 필요한 온라인 일정관리 툴을 선택해 효율적으로 관리하는 방법을 익혀야 한다.

2 일정 관리의 원칙

- 시간관리 습관을 분석한다.
- 목표를 명확히 한다.
- 목표의 우선순위를 정한다.
- 효율적인 온라인 일정관리 툴을 선택한다.
- 우선순위에 따라 시간을 배분한다.
- 계획대로 시간을 사용하였는지 점검한다.
- 문제가 있으면 수정 · 보완하고 다음 일정의 계획수립에 반영한다.

3 온라인 일정 관리법

- 여러 가지 프로그램을 사용해 보고 자신에게 가장 적합한 프로그램을 선택한다.
- 연동과 데이터의 저장, 알람 기능 등을 잘 체크한다.
- 관련 정보를 수집하고 익숙해질 때까지 시험기간을 거친 뒤 사용한다.
- 프로그램을 효율적으로 사용할 수 있도록 다양한 기능을 익힌다.
- 색깔, 약어, 네이밍, 부호 등 한 눈에 일정을 확인할 수 있도록 시각화한다.
- 일정을 공유할 때 개인정보가 유출되지 않도록 각별히 유념한다.

2 온라인 일정관리 도구의 종류와 특징

1 토글(Toggl)[48]

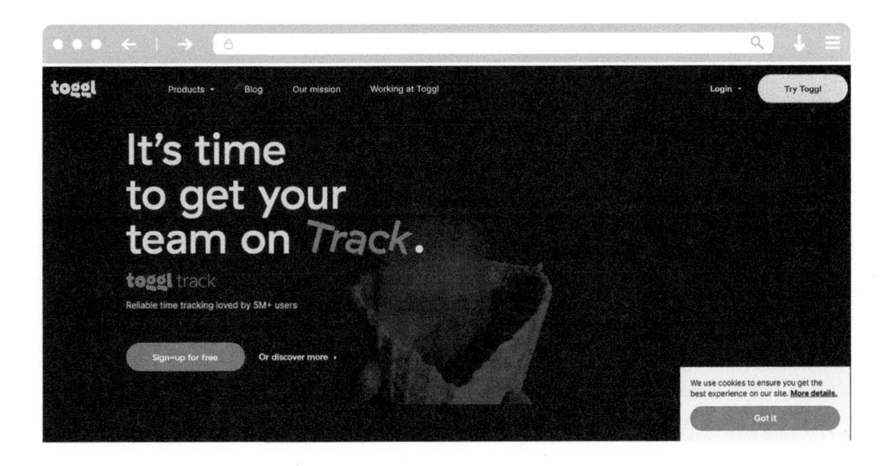

토글은 웹기반 시간관리 애플리케이션으로 시간을 어떻게 사용해야 할지 계획을 세우는 것과 사용한 시간을 추적하는 기능이 있다.

디자인이 단순하고 사용법이 간단하며 웹뿐 아니라 모바일 연동이 가능해 언제 어디서나 사용이 가능하다. 또한 주간 보고서를 PDF와 CSV 파일 형식으로 다운받아 저장할 수 있다는 장점을 지닌다. 시간 기록과 프로젝트의 기본 보고서를 무료로 무제한 만들 수 있으며 멤버십 요금제를 무료로 한 달간 사용할 수 있으므로 테스트를 해 본 뒤 추가기능의 사용을 고려해 본다.

2 캘런들리(Calendly)[49]

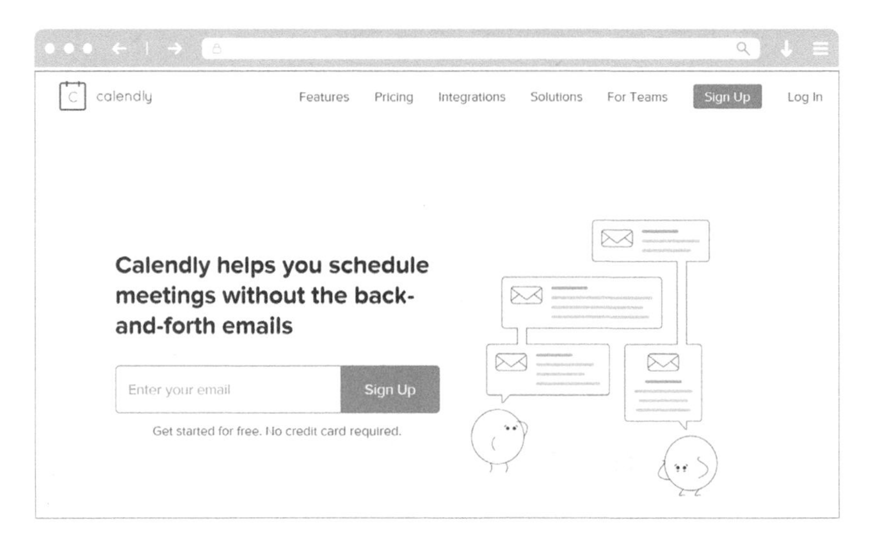

프리랜서들에게 특히 유용하며 캘런들리 링크를 보내면 바로 스케줄을 잡을 수 있고 사용자가 자신의 일정에 맞는 시간대를 찾을 수 있기 때문에 더욱 유용하다. 기본 옵션은 무료이며 이메일을 사용하지 않아도 회의 일정을 잡고 공유할 수 있다. 구글, 아웃룩, 오피스365, 아이클라우드 캘린더 등과 호환이 가능하다. 여러 명이 입력한 일정이 한 페이지에서 관리되고 일정 알림이 이메일과 문자로도 전송되기 때문에 잊어버리지 않고 일정대로 업무를 진행할 수 있다는 장점을 갖는다. 그러나 인터페이스가 약간 복잡해 보여 초보자가 선뜻 사용하기에는 부담이 있으며 기능에 비해 가격대가 다소 높고 크롬이나 파이어폭스에서만 지원된다는 단점이 있다.

3 트렐로(Trello)[50]

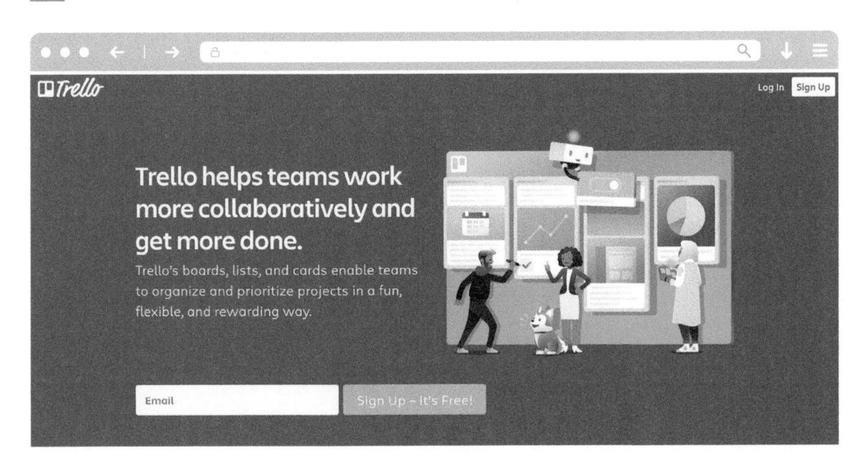

트렐로는 웹기반 프로젝트 관리를 위한 비주얼 프로그램으로 효율성을 높이기 위한 시간관리와 업무관리가 가능하다. 워크플로우를 한눈에 볼 수 있도록 핀보드에 정리해주며 몇 번의 클릭만으로 간단하게 계획을 세우고 to do 리스트를 만들 수 있을 뿐 아니라 아이콘으로 진행 상황을 확인할 수 있어서 편리하다. 불필요한 커뮤니케이션을 줄이고 업무의 우선순위를 정할 수 있으며 유료 멤버십에 가입하면 구글 드라이브, 드롭박스, 에버노트 등과 연동할 수 있다. 그러나 시작 초기에 사용 방법이 다소 복잡해 보일 수 있으며 개인별 특성에 적합한 프로젝트 관리 프로세스를 정착시키기까지 시행착오를 거쳐야 한다는 단점이 있다.

4 노션(Notion)[51]

노션은 노트와 메모를 기반으로 일정과 아이디어를 관리하는 프로그램으로 에버노트와 기능이 유사하지만 비용 면에서 더 저렴하다는 이점이 있다. 구글과 애플을 통해 간편하게 로그인할 수 있으며 사용법을 텍스트로 적어 안내한다. 노션은 '블록'을 이용해 페이지를 구성할 수 있는데 도표나 이미지, 캘린더 등 다양한 형태를 포함하며 데이터를 효과적으로 구조화해 저장하고 시각화할 수 있다. 또한 멘션이나 댓글을 달 수 있어 개인의 스케줄과 아이디어를 관리하기 위한 목적뿐 아니라 협업을 위한 사용도 가능하다.

3 구글 캘린더의 효율적인 활용

1 구글 캘린더의 장점

① 구글이 만든 일정 관리 소프트웨어인 구글 캘린더는 휴대폰, PC, 태블릿의 구글 캘린더와 공유되기 때문에 언제 어디서나 일정을 확인하고 변경할 수 있다.

② 구글 캘린더는 구글 계정만 있으면 누구나 무료로 사용할 수 있으며 일정관리가 쉽고 다른 앱과 연동이 잘 되기 때문에 널리 이용된다.

③ 색깔별로 카테고리를 분류해 일목요연하게 스케줄을 보면서 관리할 수 있다.

④ 일정에서 시간을 설정해 놓으면 30분 전에 알림이 울리기 때문에 실수하지 않고 일정대로 일을 진행할 수 있다.

⑤ 일정을 쉽게 다른 사람과 공유할 수 있다.

2 구글 캘린더 사용법

시작하기와 바로가기 만드는 법

구글 캘린더를 시작하려면 우선 구글 계정을 만들어야 한다. 지메일 계정을 열어 오른쪽 상단의 구글앱에서 캘린더를 클릭한다.

스케줄을 효율적으로 관리하기 위해 PC에서 구글 캘린더를 이용할 경우 바탕 화면에 웹 페이지 바로가기 아이콘으로 만들면 굳이 인터넷 창을 열지 않더라도 보다 편리하게 사용할 수 있다. 구글 화면에서 캘린더를 클릭해 구글 캘린더 화면이 열리면 오른쪽 맨 위 맞춤 및 설정제어를 클릭하고 도구 더보기를 클릭한다. 바로가기 만들기에서 대화창이 뜨고 '바로가기를 만드시겠습니까?'라는 메시지가 나오면 만들기를 클릭하면 된다.

그림 5-1 구글 캘린더 바탕화면 바로가기 만드는 법

환경설정

오른쪽 상단의 환경설정을 클릭하고 언어, 지역, 날짜 형식, 시간 형식을 설정한다. 그 밖에 한주의 시작, 지난 일정 흐리게 표시, 사용자 설정 보기(4일~4주), 거절한 일정 표시, 내 캘린더에 초대장 자동 추가 등을 체크한다.

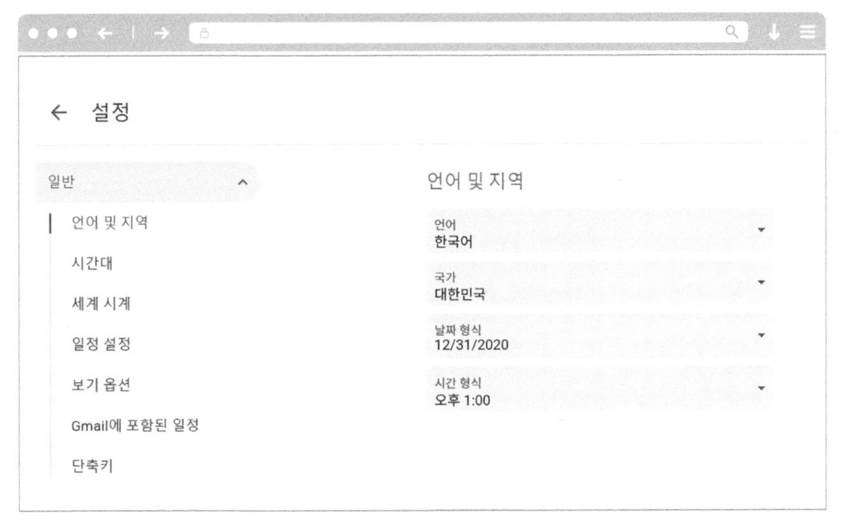

그림 5-2 환경설정

구글 캘린더 일정 기입

구글 캘린더 오른쪽 맨 위에서 일, 주, 월, 연 단위의 스케줄을 클릭하고 왼쪽 상단의 '+만들기'를 누르거나 일정을 등록하고 싶은 날짜에 커서를 놓고 마우스를 누른 다음 내용을 입력한다. 옵션 더보기를 누르면 상세한 내용을 기입할 수 있다.

일정은 일, 주, 월, 연도, 4일 단위로 보기를 설정할 수 있다. 해당 일자와 시간을 맞추고 일정을 등록할 수 있으며 목표나 할 일, 일정 등 색깔별로 카테고리를 설정하면 일목요연하게 업무를 정리할 수 있다.

일정에서 위치 정보를 클릭하면 구글 지도와 연동이 된다.

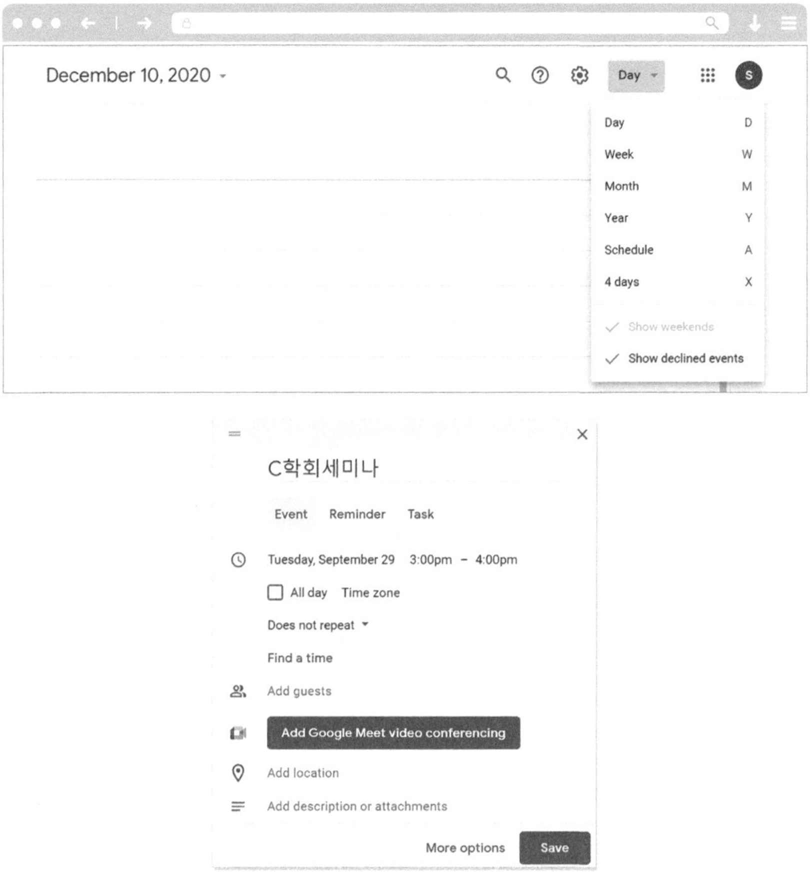

그림 5-3 일정 기입하기

일정 공유하기

구글 캘린더를 사용해 일정을 공유할 수 있는데 '새 캘린더'를 만들어 캘린더를 공유하는 기능은 전체 구성원이 하나의 캘린더를 만들고 휴가, 회의, 회식 등의 일정을 기입하여 공동으로 사용할 수 있다. 개별 '일정 공유' 기능은 개인의 캘린더에 개별적으로 특정 일정을 공유하는 방식이다.

캘린더 공유 기능을 이용하면 새 캘린더를 이용해 여러 사람과 일정 공유가 가능하다. 관리자가 회사나 부서의 캘린더를 만든 다음 공유 범위를 전체 직원으로 설정하면 모든 일정을 공유할 수 있으며, 특정 사용자를 지정해 공유하려면 대상자의 이메일 주소를 입력하고 오른쪽 사용 권한을 클릭해 일정 변경 및 공유 관리, 일정 변경 등 사용 권한과 범위를 정하면 된다. 캘린더를 공개한 사람이나 조직의 링크를 알 경우 url로 추가가 가능하다.

- 새 캘린더로 공유하기

부서나 모임의 일정을 정하고 정리해 공유하고 싶을 경우 캘린더를 새로 만들면 유용하게 사용할 수 있다. 메뉴 왼쪽 하단의 '다른 캘린더' 옆 '+'를 클릭하면 새로운 캘린더를 만들 수 있으며 이때 새 캘린더는 보조캘린더의 역할을 한다. 캘린더의 이름은 'A프로젝트 일정', '총무팀 일정', '○○고 36기 일정' 등 사용하고자 하는 성격에 따라 붙이면 된다. 그리고 '총무팀 일정 공유를 위한 캘린더입니다'와 같이 캘린더에 관한 설명을 덧붙인다. 공유 설정에서 조직 내 모든 사용자 혹은 특정 사용자 등 공유의 범위를 정한다.

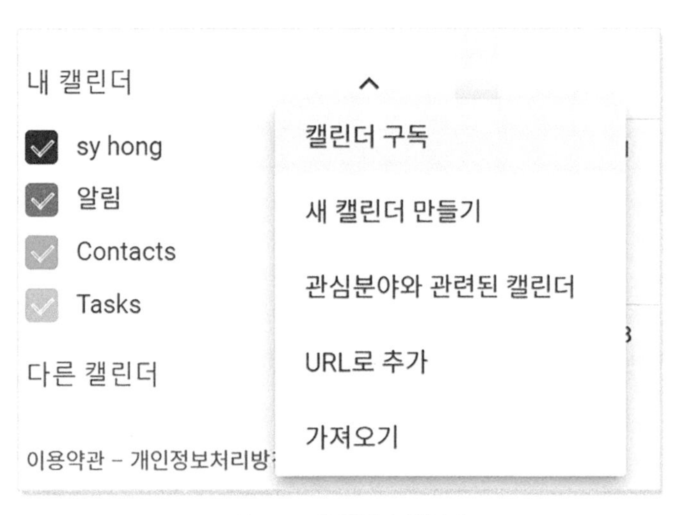

그림 5-4 새 캘린더 만들기

일정을 공유하는 법

• 초대하기로 공유하기

구글 캘린더의 개별 일정 공유 기능은 캘린더를 공유하지 않더라도 특정 이벤트에 관한 소식을 알 수 있으며 조직 외부 사용자에게도 초대장을 보내 일정을 공유할 수 있다. 일정을 공유하고 싶은 사람의 이메일 주소를 추가하면 초대할 수 있다. 해당 일정을 클릭해 편집 기능에서 '참석자 추가'란에 초대하려는 사람의 이메일 주소를 입력한 뒤 참석자의 권한을 지정하고 저장을 누르면 참석자에게 이메일 초대장이 발송된다. 이것은 캘린더 전체를 공유하는 것이 아니라 개인의 캘린더에서 특별히 지정한 일정에 한해 부분적으로 일정을 나누는 방법이다. 회의나 미팅, 단체 관람 등에 유용하게 사용할 수 있다. 예를 들어 '글로벌미디어워크샵' 일정을 만들고 팀원과 공유하려면 참석자 추가에서 이메일을 선택해 초대장을 발송한다. 초대장을 받은 사람은 참석 여부를 답변으로 밝힐 수 있으며 초대장에서 옵션 더보기를 클릭하면 참석 의사와 추가 참석자, 메모 등을 남길 수 있다.

참석자

참석자 추가

참석자 권한

- [ ] 일정 수정
- [x] 다른 사용자 초대
- [x] 참석자 명단 보기

그림 5-5 초대하기

Chapter 06

온라인 매너와 에티켓

1 매너 · 에티켓이란 무엇인가

1 매너 · 에티켓의 개념

매너(Manner)와 에티켓(Etiquette)은 같으면서 다른 미묘한 차이가 있다. 매너는 마누아리우스(manuarius)라는 라틴어에서 유래하는데 마누스(manus)와 아리우스(arius)의 합성어다. 마누스(manus)는 손이라는 뜻을 가지고 있으며 아리우스(arius)는 방법이나 방식을 의미한다. 따라서 매너의 의미를 종합적으로 살펴보면 사람의 행동하는 방식, 습관이라고 볼 수 있다.

이는 표준국어대사전에도 그대로 나타나는데 매너를 행동하는 방식이나 자세, 또는 일상생활에서의 예의나 절차라고 설명하고 있다. 다시 말해 여럿이서 함께 살아가는 사회에서 지켜야 할 예절, 태도 등을 말하는 것이다.

반면 에티켓은 사회적 약속의 성격이 강하다. 표준국어대사전은 에티켓을 사교상의 마음가짐이나 몸가짐이라고 정의하고 있다.

에티켓(étiguette)은 고대 프랑스어 estiquett(라벨, 티켓)에서 유래하였다. '작은 카드'를 뜻하는 프랑스어이기도 한데 이 카드에는 프랑스 궁전에서 지켜야 할 행동 지침이 적혀있던 것으로 알려졌다. 에티켓은 루이 14세 궁정 사회 당시 루이 14세가 직접 고안한 행동 지침이 적힌 카드로 궁전을 드나들 수 있는 입장권으로 사용되었다.[52]

또 루이 14세 때 베르사유궁전에서 용변을 보는 곳으로 가는 안내판에서 유래하였다는 설도 있다. 연회가 자주 열리던 베르사유 궁전은 당시 화장실이 없어 건물 구석이나 정원 풀숲에서 용변을 보았다. 루이 14세가 용변을 보러 가는 곳을 알리는 안내판을 지키라고 명령하면서부터 '예의를 지킨다' 뜻으로 확대됐다는 설이다.

이후 19세기 말 부르주아 사교계의 관례(usage), 예의범절(civilité)이 현재 프랑스 에티켓의 기초가 되었고 타인에게 폐를 끼치지 않는 것 등의 현대적 의미로 확장되었다.[53]

이처럼 매너와 에티켓이 예의, 예절을 뜻하는 단어라는 점에서 일맥상통하지만 매너가 사회 전체에 적용되는 타인을 배려하는 태도, 자세, 행동의 뜻을 가지고 있는데 반해 에티켓은 특정 장소나 공간에서 지켜야 할 예절로 한정되어 있다는 차이가 있다.

에티켓에서 파생된 네티켓도 이러한 특징을 반영한 것으로 볼 수 있다. 네티켓은 컴퓨터 통신이나 인터넷상에서 지켜야 할 예절이라는 뜻을 가진 단어로 네트워크와 에티켓의 합성어다. 인터넷 공간은 익명성과 자율성이 보장되는 만큼 상대방에 대한 배려와 예절을 지키는 것이 필요하고 이를 지키는 것이 무엇보다 중요하다.

인터넷이 보급되고 인터넷을 통한 커뮤니케이션이 활발해지면서 이용자 간 지켜야 할 원칙들이 제시되기 시작하였다. 미국 플로리다 대학교의 버지니아 셰어(Virginia Shea) 교수는 1994년 '네티켓의 핵심원칙(The Core Rules of Netiquette)'을 제시한 바 있다.

한국의 경우 2000년 당시 정보통신윤리위원회(현 방송통신심의위원회)가 네티즌 윤리강령을 선포하였으며 이어 2001년 교육부가 '정보통신윤리교육지침'을 제정하였다.[54]

2000년 정보통신윤리위원회(현 방송통신심의위원회)가 선포한 네티즌 윤리강령[55]은 다음과 같다.

2 네티즌 윤리강령

정보통신 환경의 변화에 따라 사이버 공간에서의 활동이 급증하고 있습니다.

네티즌은 사이버 공간에서 유익한 정보를 서로 나누고 건전한 인간관계를 형성하며 다양한 경험을 쌓습니다. 또한 사이버 공간을 통해 정보사회의 성숙한 인간으로 성장하며 인류사회 발전에 기여합니다.

사이버 공간의 주체는 네티즌입니다. 네티즌은 사이버 공간에서 표현의 자유와 권리를 가지고 있으며 동시에 의무와 책임도 지니고 있습니다. 이러한 권리가 존중되지 않고 의무가 이행되지 않을 때 사이버 공간은 무질서와 타락으로 붕괴되고 말 것입니다. 이에 사이버 공간을 모두의 행복과 자유, 평등이 실현되는 공간으로 발전시킬 수 있도록 '네티즌 윤리강령'을 제정하고 이를 실천할 것을 다짐합니다.

네티즌 기본 정신

- 사이버 공간의 주체는 인간입니다.
- 사이버 공간은 공동체의 공간입니다.
- 사이버 공간은 누구에게나 평등하며 열린 공간입니다.
- 사이버 공간은 네티즌 스스로 건전하게 가꾸어 나갑니다.

네티즌 행동 강령

- 우리는 타인의 인권과 사생활을 존중하고 보호합니다.
- 우리는 건전한 정보를 제공하고 올바르게 사용합니다.
- 우리는 불건전한 정보를 배격하며 유포하지 않습니다.
- 우리는 타인의 정보를 보호하며, 자신의 정보도 철저히 관리합니다.
- 우리는 비 · 속어나 욕설 사용을 자제하고, 바른 언어를 사용합니다.
- 우리는 실명으로 활동하며, 자신의 ID로 행한 행동에 책임을 집니다.
- 우리는 바이러스 유포나 해킹 등 불법적인 행동을 하지 않습니다.
- 우리는 타인의 지적재산권을 보호하고 존중합니다.
- 우리는 사이버 공간에 대한 자율적 감시와 비판활동에 적극 참여합니다.
- 우리는 네티즌 윤리강령 실천을 통해 건전한 네티즌 문화를 조성합니다.

3 버지니아 셰어의 '네티켓의 핵심원칙'[56]

버지니아 셰어의 네티켓의 핵심원칙은 세계적으로 인정받아 제시된 지 수 십 년이 지났음에도 여전히 네티켓의 기본으로 여겨지고 있다. 이에 버지니아 셰어가 제시한 네티켓의 핵심원칙 10가지를 살펴보고자 한다.

- **인간임을 기억하라**(Remember the Human)

전자 메일, 인스턴트 메시지, 게임 등 상대방과 소통을 할 때 나와 똑같은 인간임을 먼저 생각해보라는 것이다. 버지니아 셰어는 다른 사람이 당신을 존중하듯 당신도 다른 사람을 존중하고 실천하라고 주문하였다.

• **실제 삶에서 적용된 것처럼 동일한 행동과 기준을 고수해라**
(Adhere to the same standards of behavior online that you follow in real)

실제 사회에서는 처벌에 따른 두려움으로 인해 법과 윤리를 지키기 위해 최선을 다하지만 가상 세계에서는 윤리기준이나 행동 규범의 적용을 적게 받는다고 생각할 수 있다는 점을 지적한 것이다. 온라인 공간에서도 실제 사회와 동일하게 처벌을 받을 수 있으므로 실제 사회와 동일하게 법과 윤리를 지켜야 한다.

• **현재 자신이 어떤 곳에 접속해 있는지 알고 그곳 문화에 어울리게 행동하라**
(Know where you are in cyberspace)

모든 가상공간에 동일한 에티켓이 허용되지 않기 때문에 주의해야 한다. 어떤 곳에서는 허용되던 예절이 다른 모임에서는 무례한 것으로 인식될 수 있기 때문이다. 따라서 온라인상에서 새로운 모임에 참여할 때에는 게재된 글을 읽어보거나 채팅을 들어보는 등 그곳의 환경을 파악하여야 한다.

• **다른 사람의 시간을 존중하라**(Respect other people's time and bandwidth)

메일을 보거나 게시판에 글을 쓸 때 다른 사람이 시간을 낭비하지 않도록 배려해야 한다. 글을 쓰기 전에 상대방이 알고 싶어 하는 정보인지 한 번 더 생각해볼 필요가 있다.

• **온라인상에서 스스로를 멋진 사람으로 만들어라**
(Make yourself look good online)

온라인상에서는 익명성으로 인해 자신의 외향 또는 행동보다 쓴 글의 수준에 따라 평가받는다. 따라서 자신이 쓴 글의 논지를 명확히 해야 한다. 또 공격적인 언어 사용을 자제하고 보기 좋으며 정중한 표현을 써야 한다.

• **전문적인 지식을 공유하라**(Share expert knowledge)

인터넷은 사용자에게 많은 이점을 제공하는 데 특히 이용자 간 정보를 공유할 수 있게 해준다. 정보 공유는 온라인 공간을 더 좋게 만들어주는 핵심 역할을 한다. 온라인상에서 질문을 하면 다양한 지식을 가진 사람들이 그 질문을 보고 답을 한다. 이러면 전 세계의 지식을 모두 모아놓는 효과를 얻을 수 있다. 따라서 남에게 도움이 되지 않을 것이라는 두려움보다 자신의 지식을 적극적으로 공유할 필요가 있다.

• **감정을 절제한 상태에서 논쟁하라**(Help keep flame wars under control)

처음 논쟁이 불붙었을 때 사람들의 흥미를 끌 수 있지만 격렬한 논쟁이 지속될 경우 그룹의 분위기를 저해하거나 그룹원의 참여를 깨뜨릴 수 있다. 따라서 절제된 감정으로 논쟁을 펼쳐야 한다.

• **타인의 사생활을 존중하라**(Respect other people's privacy)

타인의 사적인 영역을 허락 없이 침범하지 말아야 한다. 상대방의 이메일, 페이스북 등 정보를 훔쳐보거나 허가 없이 복사해 배포하는 것과 같은 사생활 침해는 근절되어야 한다.

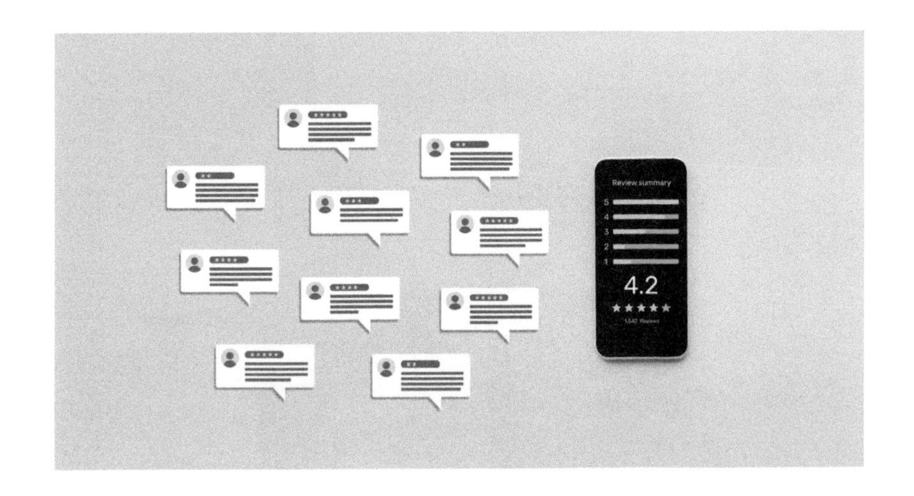

• **당신의 권력을 남용하지마라**(Don't abuse your power)

온라인에서는 특정 사람이 다른 사람에 비해 더 많은 권력을 가지고 있다. 예를 들면 사이트 관리자가 회원들의 주소, 연락처 등 개인정보를 가지고 있는 것, 또는 높은 수준의 정보 접근 권한으로 더 많은 정보를 아는 것이다. 다른 사람들보다 많은 정보를 알고 있다고 해서 그 정보를 활용할 권리까지 주어진 게 아니다. 따라서 이렇게 얻은 권력을 남용해서는 안 된다.

• **타인의 실수를 용서하라**(Be forgiving of other people's mistakes)

누구나 실수를 할 수 있기 때문에 온라인상에서 누군가 실수를 했다면 너그럽게 대해야 한다. 만약 타인의 실수를 발견했다면 그것이 아주 사소한 실수라면 넘기도록 하고 큰 실수라서 지적을 해야 한다면 정중하게 잘못된 부분만 지적해야 한다. 이럴 경우 공개적이 아닌 개인적인 메일을 통해 알려주는 것이 바람직하다.

2 온라인 수업 에티켓

1 온라인 수업의 확산

유례없는 코로나19 사태로 초 · 중 · 고등학교를 비롯해 대학교, 사교육 시장까지 언택트 교육이 대세가 되었다. LG유플러스가 2020년 초등학생 자녀를 둔 부모 750명을 대상으로 고객조사를 진행한 결과에 따르면 응답자 10명 가운데 3명(31.3%)이 코로나19 상황 이후 교육 형태 우선순위가 달라졌다고 답하였다. 특히 코로나19 이후 관심이 가장 높게 급등한 교육 형태는 온라인 학습(+60.8%p)으로 나타났다.

온라인 수업의 시초는 인터넷 강의(인강)에서 출발한다. 초창기 인터넷 강의는 미리 촬영한 영상을 편집해 온라인에 업로드 한 뒤 스트리밍하는 방식으로 이루어졌다. 하지만 최근에는 인터넷 통신 기술의 발달로 실시간 수업이 가능해졌으며 이에 따라 쌍방향 소통 교육으로 진화하였다.

코로나19 사태 이후에도 언택트 시대가 이어질 것이란 전망이 지배적이다. 이에 따라 앞으로 교육 현장에서도 실시간 쌍방향 화상 수업이 본격적으로 자리 잡을 것이란 분석이 나온다.

실제로 2020년 12월 교육부와 한국교육학술정보원, 한국교육방송공사(EBS)는 공공 학습관리시스템인 e학습터와 EBS 온라인클래스에서 실시간 쌍방향 화상수업 기능을 시범적으로 선보이기도 하였다. e학습터와 EBS 온라인클래스의 화상수업은 각각 20만 명이 동시에 접속할 수 있다. 또한 이용자가 한 번에 몰릴 것을 대비해 예비 서버도 시스템당 5만 명 수준으로 구축되었다.

그림 6-1 교육부 온라인 수업 플랫폼 e학습터

특히 민간 화상회의 프로그램과 달리 학교 원격수업에 특화되어 제작되었다는 것도 특징이다. 구체적으로 학생 개개인의 입장 · 퇴장 시간이 기록되고 이 기록이 학습관리시스템과 연동이 된다. 실시간 조 · 종례 기능도 갖추고 있어 출석 확인이나 공지사항 전달에도 용이하다.

2 온라인수업 예절

이처럼 실시간 쌍방향 소통 방식으로 온라인 수업이 이뤄지면서 온라인 수업 에티켓 또한 중요해지게 되었다. 사단법인 디지털리터러시교육협회는 온라인 화상 수업을 위한 에티켓[57]을 다음과 같이 제시한다.

- 화상 수업에 참여하기 전에 주변 소음을 반드시 체크해야 한다. 특히 온라인 화상 수업을 진행하거나 듣는 장소를 선정할 때에는 주변 소음이 없는 곳을 골라야 한다. 소음이 발생할 경우 수업의 흐름을 끊고 방해하게 되어 타인에게 피해를 줄 수 있기 때문이다.

- 카메라 세팅의 경우 자신의 얼굴이 잘 보이도록 카메라 방향을 조정한다. 온라인 실시간 화상 수업은 화면을 통해 서로의 얼굴을 보면서 하는 수업이다. 가급적 화면을 끄지 말고 얼굴을 보며 대화해야 한다. 만약 영상으로 나가면 안 될 상황이 발생하게 된다면 잠시 화면을 끄겠다고 상대방의 양해를 구하고 화면을 가려야 한다.

- 수업 시간 약속을 지켜야 한다. 온라인 수업을 진행하는 사람이나 수업 참가자 모두 반드시 지켜야 할 예의다. 예정된 수업 시간보다 5분 정도 일찍 접속하는 습관이 필요하다. 특히 온라인

수업을 진행하는 사람은 5분보다 더 일찍 접속해 마이크 상태와 수업 자료 화면 등 전송 상태 등을 체크해야 한다.

- 수업 시작과 끝에는 진행자와 참가자 모두 가볍게 인사를 나누는 것이 좋다. 인사를 잘하면 반은 먹고 들어간다는 말이 있듯 자신의 이미지뿐만 아니라 수업 분위기까지 좋아지게 된다. 처음 볼 때는 어색할 수 있지만 안부를 묻는 것부터 시작해보자. 수업이 끝난 뒤에도 인사와 함께 화면을 종료해야 한다.

- 수업을 진행할 때에는 가급적 오디오를 켜놓는 것이 좋다. 간혹 오디오를 꺼놓고 수업을 듣는 경우가 있는데 이는 쌍방향 수업과 결을 달리 하므로 진행자에 대한 예의라고 할 수 없다. 다만 재채기나 기침 등 예기치 못한 소음이 발생할 때나 장시간 말을 하지 않을 때는 오디오를 꺼놓는 것이 좋다.

- 수업 중에 질문이 있을 때는 진행자의 말을 끊지 말고 손을 들어 발언권을 얻어야 한다. 질문을 음성으로 전달하기가 어렵거나 복잡하다면 채팅창을 통해 텍스트 메시지로 정리해 보내는 것도 좋은 방법이다.

- 경청하는 것도 예의다. 온라인 비대면 수업은 화상으로 진행하는 만큼 주변 상황에 의해 오프라인에서 강의하는 것보다 집중력이 쉽게 흐트러질 수 있다. 따라서 진행자에게 집중하고 수업을 경청하는 것이 중요하다.

• 저작권과 초상권 문제가 발생할 수 있기 때문에 온라인 수업의 내용과 화면을 함부로 캡처해서는 안 된다. 저작권은 사상이나 감정을 표현한 창작물에 대해 창작자가 가지는 권리를 말한다. 초상권은 본인의 얼굴을 허가 없이 촬영하거나 공표, 전시하지 않을 권리를 뜻한다.

3 온라인 회의 에티켓

1 온라인 회의의 일상화

코로나19로 인한 언택트 시대의 일환으로 교육 현장에서는 온라인 수업이 이루어지고 있으며 산업 현장에서도 재택근무와 원격근무 확산으로 오프라인에서 이루어지던 회의가 온라인으로 이동하였다.

줌 비디오 커뮤니케이션에 따르면 줌 일일 이용자 수는 3억 5000명에 달한다. 또한 2020년 3분기 기준 직원 10명 이상의 기업 고객 수는 43만 3700명으로 집계되었다. 이는 2019년보다 6배 가까이 증가한 수준이다.

한국도 예외는 아니다. 앱 분석 서비스 와이즈앱이 한국인 안드로이드 스마트폰 사용자(만 10세 이상)를 대상으로 표본 조사한 결과 2020년 9월 기준 줌 이용자 수는 707만 명으로 나타났다. 특히 안드로이드 스마트폰을 사용하는 한국인(3868만 명) 중 25%에 달하는 969만 명이 줌을 이미 설치하였다. 또 줌을 설치한 한국인 10명 중 7명(72.9%)은 월 1회 이상 줌을 사용하는 것으로 나타났다.

구글의 화상 회의 플랫폼 구글 미트를 월 1회 이용한 사람은 103만 명으로 분석되었으며 스카이프의 경우 39만 명으로 조사되었다. 이외에도 시스코의 웨벡스를 월 1회 이상 이용한 한국인은 33만 명, MS의 팀즈를 월 1회 이상 이용한 한국인은 32만 명으로 나타났다.

이러한 결과는 안드로이드 스마트폰을 사용하는 한국인만 조사하여 나온 것으로 아이폰을 사용하는 사람까지 포함하면 화상 회의를 이용하는 사람은 더욱 많을 것이란 게 와이즈앱 측의 설명이다.

화상 회의는 더욱 보편화될 전망이다. 오디오 · 비디오 제품 업체인 폴리(Poly)는 2021년에 주목해야 할 주요 기술 동향 6가지 가운데 하나를 비디오로 꼽았다. 비디오를 사용하지 않았던 산업 분야에서도 원격 · 재택근무가 일상화됨에 따라 회의의 핵심 도구로 사용하기 시작했다는 것이다.

KT의 경우에는 팀장급 이상 약 1700여 명에 달하는 임직원이 팀즈를 통해 회의를 가져 화제가 되기도 했다. 2020년 부서 5~6곳을 대상으로 사원, 대리, 과장부터 임원까지 총 50~60명이 모이는 회의를 시범적으로 실시하다 이를 확장한 것이다. 젊은 직원들의 반응이 좋아서 화상 회의를 확대한 만큼 KT뿐만 아니라 향후 다양한 기업에서 이와 같은 화상 회의를 늘려나갈 것으로 보인다.

2 온라인 회의의 예절

그림 6-2 재택근무에 들어간 현대모비스 직원이 집에서 온라인 회의를 통해 업무를 처리하고 있는 모습

온라인 회의 에티켓은 기본적인 에티켓 외에도 업무적인 요소가 더 들어간다. 특히 비즈니스 미팅일 경우 결과를 성공적으로 끌어내야 하므로 상대방을 대하는 에티켓이 무엇보다 중요하다. 화상회의에서

주의할 점은 다음과 같다.

- 온라인 화상 수업 에티켓과 마찬가지로 화상 회의에 참여하기 전에 주변 소음을 반드시 확인할 필요가 있다. 소음이 발생하지 않는 장소에서 회의에 참석해야 하며 회의 진행 중에도 소음 관리에 힘써야 한다.
  하울링으로 인한 소음을 막기 위해서는 이어폰을 착용하는 것이 좋다. 최근에는 유선 이어폰 말고 무선 이어폰도 나온 만큼 이어폰을 적극 활용해보자.

- 약속된 회의 시간 전에 입장해 있어야 한다. 온라인 수업과 마찬가지로 예정된 시간보다 일찍 접속해서 준비해야 한다. 오프라인에서 열리는 업무 회의 때 약속된 시간보다 미리 회의장에 도착해서 준비하는 것과 같은 이치다. 회의 참여자는 예정된 시간보다 5분 정도 일찍 접속하고 회의 진행자는 10분 정도 더 일찍 접속해 마이크 상태와 자료 등을 체크해야 한다.

- 회의에 맞는 적절한 복장을 착용하자. 온라인 회의는 재택근무나 원격근무 상황에서 주로 열리게 된다. 이 때 절대 잠옷 차림이나 집에서 입는 편한 복장으로 회의에 참여해서는 안 된다.
  어떤 옷을 입어야 할지 고민된다면 정장이나 비즈니스 캐주얼이 무난하다. 하버드비즈니스리뷰가 화상회의 참가자 465명을 대상으로 설문 조사를 한 결과 응답자 중 93%는 회의 상대가 정장이나 비즈니스 캐주얼 복장을 갖춰 입었을 때 더 전문성이 높아 보인다고 답하였다.

이외에도 헤어스타일과 배경에도 신경 써야 한다. 햇빛이 들어오는 창문을 등지고 있으면 역광으로 인해 자신의 얼굴이 어둡게 나올 수 있으니 주의해야 한다. 햇빛이나 조명을 활용할 때에는 정면이 좋다.

그림 6-3 캐나다 의류 브랜드 헨리 베지나(Henri Vézina)는 재택근무 트렌드를 반영한 패션 컬렉션을 선보이기도 했다.

- 회의 주최자 혹은 진행자의 지시에 따라야 하며 발언하기 전에 발언권을 반드시 얻고 난 뒤 말해야 한다. 발언권을 부여받지 않고 말을 하면 회의 흐름이 끊기는 혼잡한 상황이 발생할 수 있다. 이는 온라인 회의 특성상 일정의 시차가 생기기 때문이다. 게다가 상대방이 발언을 하는 중간에 끼어들 수 있어 주의해야 한다. 발언을 음성으로 전달하기 복잡하다면 채팅창을 통해 텍스

트 메시지로 정리해 보내거나 발언권을 요청할 때 채팅창을 이용하는 것도 좋은 방법이다.

- 회의의 기본 에티켓은 경청과 참여다. 온라인 회의는 화상으로 진행하는 만큼 집중력이 떨어지기 쉽다. 회의 진행자나 발언하고 있는 참가자의 말을 경청하는 자세는 기본 중의 기본이다. 회의 도중 음식물을 먹는 행위는 타인에게 피해를 줄 수 있으니 가벼운 물 정도만 마셔야 한다. 또 휴대폰은 진동이나 무음으로 해놓고 가급적 사용을 피한다.

- 자료 준비와 화상 회의 플랫폼(툴) 사용 방법에 대해 미리 숙지해야 한다. 온라인 회의는 오프라인 회의와 다르게 간소화해서 진행하거나 내용을 압축해 진행하는 경향이 있다. 따라서 자료 화면을 띄우거나 회의 자료를 공유할 때 실수하지 않도록 사전에 준비하는 과정이 반드시 필요하다.
  또한 화상 회의 플랫폼 사용 방법도 사전에 숙지한 후 회의에 참여해야 한다. 어떤 메뉴를 눌러 사용해야 하는지 어떤 도구가 있는지 확인해야 하며 잘 모를 경우 회의 시작 전 주최자나 진행자에게 물어봐서 해결해야 한다. 자신의 실수로 인해 회의가 지연될 경우 참가자 모두에게 피해가 갈 수 있다는 것을 명심하자.

Chapter 07

온라인 프레젠테이션

1 프레젠테이션 개념과 구성요소

1 프레젠테이션의 개념

프레젠테이션은 '주다'는 뜻의 'present'의 명사형으로 정보, 제안, 기획, 아이디어 등을 제시하고 설명하는 행위를 말한다. 프레젠테이션은 발표의 한 종류로 시청각 자료를 활용해 듣는 사람의 집중도와 이해를 돕는 형식을 지닌다. 줄여서 'PT'나 발표라고도 하지만 일반적인 발표와 달리 프레젠테이션은 주로 자료를 활용한 발표의 개념으로 사용된다.

프레젠테이션의 시작은 아주 오래 전으로 거슬러 올라간다. 부족민의 지지를 얻기 위해 지도자는 자신의 포부와 이상을 설명해야 했으며, 사업가는 투자를 유치하기 위해, 예술가는 후원자를 얻기 위해, 정치인은 표를 얻기 위해 프레젠테이션을 거쳐야 했다. 신대륙을 발견한 콜롬버스도 초창기 각국의 후원을 얻기 위해 프레젠테이션을 했지만 수차례 실패했다. 1484년 콜럼버스는 대서양 탐험에 필요한 지원과 자금을 얻기 위해 포르투갈의 주앙 2세 앞에서 프레젠테이션을 펼쳤으나 설득을 이끌어내지 못했다. 이후 영국, 포르투갈, 프랑스에 후원을 요청하였으나 재차 실패하자 그는 더욱 세밀한 내용까지 준비해 스페인 이사벨 여왕을 상대로 프레젠테이션을 한다. 마침내 성공을 거둔 그는 자금을 마련해 신대륙 발견을 위한 대항해의 닻을 올렸다.

프레젠테이션은 언어적 요소와 비언어적 요소, 시청각적 자료를 활용해 청중에게 효과적으로 메시지를 전달한다. '프레젠테이션'이라는 용어는 학교, 공공기관, 기업 등에서 널리 쓰인다. 발표자가 주어진 시간 동안 청중에게 정보를 전달하거나 신속한 의사 결정을 돕기 위해 설득한다는 점에서 프레젠테이션은 의사소통과정이라고 할 수 있다.[58] 프레젠테이션은 메시지의 전달 효과를 높이기 위해 다양한 시청각 자료를 활용하며 시간제한이 엄격하고 결과를 중시한다. 프레젠테이션이 성공하기 위해서는 명확하고 신속한 의사 전달 능력과 설득력, 긍정적이고 호감 가는 이미지메이킹이 필요하다.[59]

발표자가 효과적인 매체를 선택해 메시지를 전달하는 이벤트로 언어를 이용한다는 점에서 프레젠테이션은 말하기 능력을 갖추어야 하지만, 동시에 시각적 자료에 등장하는 텍스트를 구성해야 한다는 점에서 글쓰기 능력도 중요하다. 원하는 목적을 달성하기 위해 시청각 자료와 같은 다양한 매체 자료를 활용한다는 측면에서 프레젠테이션은 매체의 특성도 갖는다.[60]

프레젠테이션은 목적을 이루기 위해 메시지를 구성하고 자료를 활용하기 때문에 내용물 즉 콘텐츠가 중요하며 동시에 언어와 행동을 이용해 청중에게 전달하므로 청중과 소통하고 공감을 이끌어낼 수 있어야 한다. 프레젠터는 자신의 관점과 의지, 문제제시, 대안 마련의 전 과정을 청중에게 보여 주며 지지와 공감을 얻는다. 초창기 프레젠테이션은 정보를 전달하는 것이 주 목적이었으나 인터넷과 모바일 기술의 발달로 사람과 사람이 연결되면서 공감과 연대감 형성이 더욱 중요하게 떠오르고 있다. 온라인 프레젠테이션은 개인과 집단 간에 정보를 제공하고, 새로운 아이디어를 제시하거나, 제품과 서비스를 소개하는 준비된 연설 또는 대화를 온라인으로 진행하는 것을 의미한다.

표 7.1 **프레젠테이션의 변화**

시기	과거	현재
목적	정보전달	공감
형식	일방적	쌍방향
화법	설득	지지와 연대
시청각자료	시청각 자료 보조적 이용	시청각 자료 주 이용
온오프라인	오프라인 프레젠테이션	온오프라인 프레젠테이션
디자인	화려한 디자인	디자인의 가독성 중시

설득 커뮤니케이션의 한 유형인 프레젠테이션은 듣는 사람들을 설득하기 위해 이성적 · 감성적 설득 전략을 필요로 한다. 온라인 상에서 프레젠터는 직면한 문제를 분석하고 해결하기 위해 자신의 의견을

표현할 뿐 아니라 타인의 감정을 이해하고 보이거나 혹은 보이지 않는 청자와의 관계까지 생각하는 유능함을 갖추어야 한다. 자료 분석, 슬라이드 작성과 같은 내용적인 측면과 함께 의사소통을 위한 사회적 · 정서적 측면을 고려하고 온라인 환경에 대한 이해를 바탕으로 프레젠테이션 전략을 수립한다.

2 프레젠테이션 구성요소

프레젠터

온라인 프레젠테이션에서 프레젠터는 스마트한 공중과 소통하기 위해 메시지를 작성하고 내용을 구성하며 프레젠테이션을 실행한다.

프레젠터는 발표하는 내용을 작성하기 위해 글쓰기 능력을 갖추고, 컴퓨터와 인터넷, 각종 디자인 툴을 다룰 수 있어야 하며, 말하기와 이미지메이킹 기법도 익혀야 한다.

대상이나 목적에 따라 설득적, 설명적, 자기 표현적 프레젠테이션의 특징을 지니지만 궁극적으로 프레젠터는 메시지를 효과적으로 전달해 청중의 호감을 얻고 태도를 변화시켜야 한다는 점에서 설득 커뮤니케이터의 역할을 수행한다. 실시간 온라인 프레젠테이션의 경우 돌발 상황이 일어날 수도 있으므로 순발력도 갖추어야 한다. 온라인 프레젠테이션은 상대방과 비대면으로 만나 발표를 진행하는 형식으로 오프라인보다 상대를 덜 인식하게 된다. 그러나 온라인 상에서 느끼는 공감은 대면 못지않게 커다란 감동을 줄 수 있으며 태도와 행동의 변화를 일으킬 수 있다. 따라서 프레젠터는 보이지 않는 청중과 교

감하도록 노력해야 한다. 특히 프레젠테이션에서는 첫 인상이 중요하다. 미국의 뇌 과학자 폴 왈렌(Paul J. Whalen)은 인간의 뇌는 편도체를 통해 0.1초도 안 되는 극히 짧은 순간 상대에 대한 호감과 신뢰를 평가한다고 하였다.[61] 처음 보여주는 모습과 말투는 청중에게 강력한 영향을 미치므로 전략적으로 접근한다.

콘텐츠

프레젠테이션의 콘텐츠는 효과적으로 전달하기 위한 흐름을 만들어 구성해야 한다. 전체 이야기의 줄기를 만들어 정리하고 슬라이드를 조직화해야 하며, 배경 화면, 서체, 글자크기, 도식화를 위한 디자인 요소를 선택해야 한다. 또한 청중의 이해를 돕고 흥미를 유발시킬 수 있도록 동영상 자료를 활용하는 것도 필요하다.

청중

온라인 프레젠테이션의 청중은 초대받은 소수에서부터 익명의 무수한 잠재적 군중에 이르기까지 다양하다. 따라서 타깃을 누구로 할지 정하고 타깃의 특성을 정확하게 파악한 다음 프레젠테이션을 기획하고 준비해야 한다. 온라인 프레젠테이션의 경우 발표가 진행되는 동안 청중이 다른 활동을 할 수 있기 때문에 집중력과 몰입을 이끌어내기 위해 오프라인보다 더 많은 유인 요소를 포함해야 한다. 그리고 프레젠터의 발표 내용을 청중이 즉석에서 검색해 내용을 검증할 수도 있다. 현대의 청중은 컴퓨터와 모바일로 인터넷에 접속해 정보를 탐색하며 실시간 소통이 가능하기 때문에 프레젠터는 더욱 철저한 대비가 필요하다.

2 온라인 프레젠테이션 단계

1 온라인 프레젠테이션 프로세스

4차 산업혁명 시대에 인간은 촘촘하게 연결되어 있으며 초연결 시대의 청중은 단지 듣는 데서 머물지 않는다. 스마트한 청중은 발표를 듣는 동시에 스마트폰으로 검색하고 온라인 채팅기능을 이용해 궁금한 내용을 질문하거나 공감 혹은 반감을 표현한다. 온라인 프레젠테이션은 현장에서의 프레젠테이션을 유튜브를 통해 온라인으로 실시간 중계하는 방식, 줌 혹은 웨벡스 같은 플랫폼을 이용하는 방식, 프레젠테이션을 녹화해 온라인 플랫폼에 업로드 하는 방식 등이 주로 이용된다. 어떤 플랫폼을 선택해 어떤 방식으로 프레젠테이션이 진행되는지에 따라 다소 차이가 있지만 온라인 프레젠테이션은 일반적으로 다음과 같은 프로세스를 거친다.

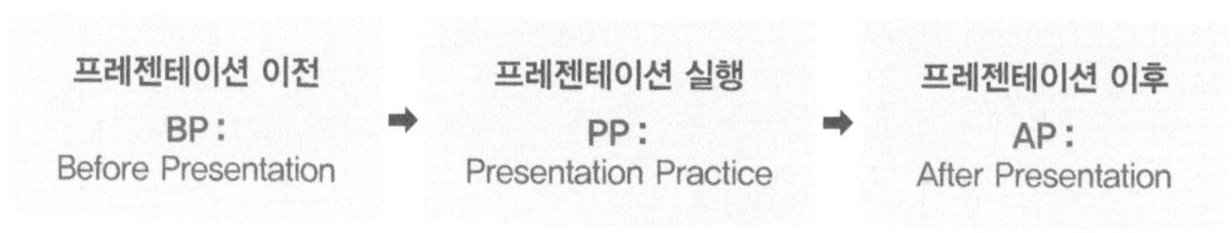

그림 7-1 프리젠테이션 프로세스

프레젠테이션 이전(BP : Before Presentation)

- 프레젠테이션의 목적 파악
- 콘텐츠 기획
- 자료 검색 및 정보 탐색, 아이디어 수집
- 내용 구성
- 콘텐츠 제작
- 콘텐츠 수정 및 보완
- 발음과 제스처 연습
- 온라인 프레젠테이션을 위한 플랫폼을 선택하고 사용법을 익힘
- 외적 이미지메이킹 준비
- 스케줄 확정
- 온라인 프레젠테이션 링크 발송 및 안내
- 사전 리허설 실시

프레젠테이션 실행(PP : Presentation Practice)

- 실시간 프레젠테이션 오픈
- 인사
- 주제 및 개요 설명
- 프레젠테이션 진행
- 질의응답
- 프레젠테이션 종료 인사
- 프레젠테이션 종료

프레젠테이션 이후(AP : After Presentation)

- 피드백 수렴
- 녹화영상 모니터링
- 개선 방안 마련

2 온라인 프레젠테이션 내용 구성방법

프레젠테이션의 형식과 목적 파악하기

프레젠테이션을 구성하기에 앞서 프레젠테이션의 형식과 목적을 파악해야 한다. 청중에게 기본소득의 개념을 설명하고 설득하기 위한 강연 형식의 프레젠테이션인지, 프로젝트 수주를 위한 프레젠테이션인지, 업무 보고형 프레젠테이션인지, 성과를 공유하는 프레젠테이션인지를 분명히 해야 한다. 프레젠테이션은 설득, 설명, 자기표현과 같은 목적을 지니는데 비즈니스나 회사 업무에서의 프레젠테이션은 아이디어를 제안하고 주장하는 바를 '설득'하는 목적을 갖는다. 수업 시간에 발표하는 학생들의 프레젠테이션은 과제나 특정 주제를 '설명'

하는 경우가 많으며 개인의 강연은 '자기 표현적' 성격을 띠는 경우가 대부분이다. 설명적이든, 설득적이든, 자기 표현적이든 프레젠테이션의 최종 목적은 청중의 마음을 움직여 태도의 변화를 이끌어내는데 있다.[62]

자료수집과 아이디어 발상

프레젠테이션은 단순히 자료를 정리해서 발표하는 것이 아니라 청중에게 메시지를 전달하여 설득하고 움직이게 하는 목적을 지닌 커뮤니케이션 활동이다. 이러한 목적을 달성하기 위해서는 참신하고 독특한 아이디어가 필요하다. 프레젠테이션을 잘 하려면 우선 전체적인 콘셉트를 잡고 어떤 분위기로 할 것인지, 어떤 사례를 들려줄지, 어떤 방식으로 진행할지에 관한 아이디어를 구체적으로 설정해야 한다. 아이디어를 떠올리려고 하면 대체로 막막한 상황에 놓이게 되고 어디서부터 어떻게 시작해야 할지 어려움에 처하기 쉽다. 이 때 월리스(G. Wallace)의 아이디어 발상 4단계를 따르면 보다 구체적이고 체계적인 방식으로 아이디어를 떠올릴 수 있다.[63]

그림 7-2 월리스의 아이디어 발상 4단계

준비단계에서는 문제를 정의하고 과제가 무엇인지 파악하며 이와 관련한 자료를 찾고 정보를 수집하는 작업이 진행된다. 이 단계에서는 생각이 떠오르는 대로 혹은 자료의 순서대로 리스트를 만들어 본다. 각자 자기 방식에 따라 적기 편한 것을 선택하거나 보기 편한 것을 선택하면 된다. 문제나 과제에 지나치게 몰입하면 정작 중요한 것을 놓치거나 좋은 아이디어를 찾아내지 못할 수도 있다. 따라서 2단계에서는 문제에서 잠시 벗어나 여행을 한다든지 영화를 보는 등 다른 활동을 하는 것이 필요하다. 마치 밥에 뜸을 들이듯, 와인을 숙성시키듯, 아이디어가 스스로의 시간을 가지면서 연결되고 버무려지도록 가만히 내버려 두는 것이다. 이렇게 하면 어느 순간 번쩍하고 빛이 번뜩이게 된다. 이 단계에서는 문제에 대한 답을 찾아내고 바라던 아이디어를 얻을 수 있다. 그러나 답을 얻었다고 바로 끝나는 것이 아니라 검증하는 절차를 거쳐야 한다. 실현가능한지, 허점은 없는지, 다른 문제는 없는지에 대해 주위 사람들에게 물어보고 확인하는 마지막 단계까지 소홀함이 없어야 한다. 제임스 웹 영은 아이디어 발상을 위해 필요한 5단계를 제안하였다.[64] 이는 월리스의 4단계에 습득한 정보를 느끼고 체화하는 단계를 하나 더 추가한 것으로 다음과 같다.

■표 7.2 제임스 웹 영의 아이디어 발상을 위한 5단계

단 계	내 용
1단계 ingestion stage	자료와 정보의 섭취
2단계 digestion stage	섭취한 내용을 느끼며 체화하는 과정
3단계 incubation stage	잊어버리는 시간
4단계 illumination stage	유레카
5단계 verification stage	평가와 보완

제임스 웹 영의 5단계를 비롯해 다른 학자들도 아이디어 발상의 단계를 세분화하거나 변형하였는데 이는 대부분 월리스의 4단계를 토대로 한 것이다. 여기에서 우리는 아이디어가 가만히 있으면 저절로 생기는 것이 아니라는 것을 알 수 있다. 좋은 아이디어를 얻기 위해서는 정보를 수집해서 분석하고 응용하는 논리적인 과정이 선행되어야 한다.

아웃라인 잡기

자신의 견해를 피력하고 상대방이나 청중을 설득시키기 위해서는 전략을 잘 세워야 한다. 윌리엄 베노이트와 파멜라 베노이트는 이를 위해 AIDA를 제안한다. AIDA는 주의(attention), 관심(interest), 욕구(desire), 행동(action)을 뜻하는 단어의 앞 글자를 딴 것이다. 설득을 위해 프레젠터는 먼저 청중의 주의를 끌어야 하며, 주제에 관해 청중의 호기심과 관심을 유발한 뒤, 제안하는 내용에 대한 청중의 의욕을 고취시켜야 한다. 마지막으로 청중이 설득 당하게 된다면, 청중은 무엇인가 행동을 취하게 될 것이다.[65] 설득의 방식에 따라 청중은 외면할 수도 있고, 정책에 동의하거나 전혀 알지 못했던 정치인의 팬클럽에 가입할 수도 있다.

설득이 효과적이기 위해서는 기본적으로 아웃라인을 잘 잡아야 한다. 아웃라인은 집짓기에서 기초 구조와 받침대를 제공하는 것에 비유할 수 있다. 구조가 견고하면 빌딩이 안전하듯이 토론에서 아우트라인이 견고하면 주장은 흔들리지 않으며 청중을 효과적으로 설득할 수 있다.

아웃라인의 기능은 다음과 같다.[66]

- 아이디어를 신중하게 충분히 생각하게 하고 아이디어가 논리적으로 구성되도록 돕는다.
- 논지를 만들기 위해 필요한 중요한 정보를 빠트리지 않았는지를 쉽게 알게 해준다.
- 정보가 목적에 부합하는지를 판단하게 해준다.
- 연설을 기록하는 좋은 방법으로 아우트라인을 잡아두면, 구성과 정보에 대한 문자 기록을 남겨둘 수 있다.
- 청중이 중심 아이디어를 기억하도록 돕는다.
- 중심 아이디어를 기억하게 돕고 전하고 싶은 요점에 청중이 익숙해지게 한다.
- 자신감을 준다. 청중을 설득하기 위해 잘 구성된 연설을 준비해 놓고 있기 때문이다.
- 각각의 연설 아이디어와 다른 아이디어들 간의 논리적인 관계를 이해하도록 돕는다.

프레젠테이션 내용 구성하기

프레젠테이션의 내용은 목적에 따라 체계적으로 구성되어야 한다. 하나의 커다란 줄기를 설정하고 거기에 가지에 붙이는 방식으로 하며 서론, 본론, 결론의 순서에 따라 자연스럽게 연결한다. 서론 부분은 청중의 흥미를 유발하며 프레젠테이션의 목적과 주제를 제시한다. 본론에서는 본격적으로 주제와 관련한 내용을 전달하는데 통계자료, 사진, 동영상, 사례, 예시 등을 제시하여 청중의 관심과 이해도를 높인다. 결론에서는 본론의 내용을 요약하고 목적에 따른 방향으로 청중을 움직일 수 있도록 한 번 더 강조하며 마무리한다.

서론, 본론, 결론에 따라 전체적인 프레젠테이션의 내용을 텍스트로 구성한 다음 각 텍스트 가운데 핵심 요소를 뽑아 시간에 맞추어 슬라이드로 구성한다. 슬라이드가 너무 많으면 청중이 프레젠터에게 집중하기 어려우므로 보통 2~3분에 1장씩 구성하는 게 좋다. 프레젠터의 제스처와 스피치가 중요할 경우 슬라이드의 개수는 적어도 괜찮다.

슬라이드는 가독성과 집중력을 높이는 디자인을 선택하고 사진, 그래프, 일러스트레이션, 동영상 자료 등을 필요에 따라 삽입한다. 화려한 디자인보다는 심플하면서도 내용을 잘 전달하는 스타일이 적절하다.

검토 · 수정

슬라이드의 내용을 제작하고 난 뒤 오탈자를 수정하고 그림과 동영상이 적절하게 포함되어 있는지 확인한다. 청중 앞에서 슬라이드의 내용을 보여주는 것이므로 실수로 이름이나 숫자가 잘못 표기된다면 신뢰에 문제가 생길 수 있으니 주의한다.

발음과 제스처를 연습한다.

매러비언(Mehrabian)은 인간이 외부 정보를 인지할 때 시각적 요소가 55%, 청각적 요소가 38%의 비중을 차지한다고 하였다.[67] 따라서 프레젠터는 발표를 할 때 시청각적 요소를 고려해 사전 연습을 충분히 해야 한다. 준비한 슬라이드만으로 프레젠테이션을 한다면 청중과의 소통에 어려움을 겪기 쉽다. 각각의 슬라이드에 맞추어 적절한 제스처

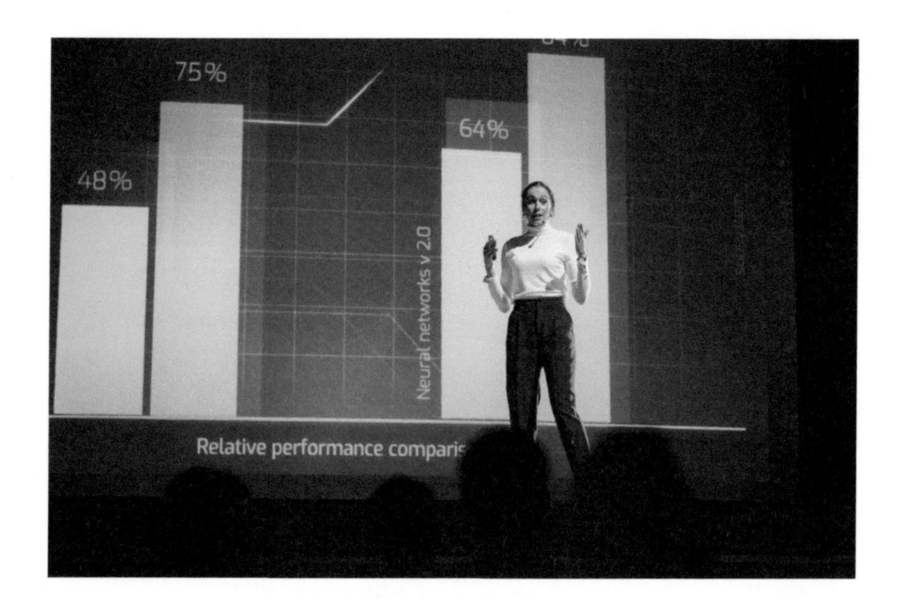

를 사용해 설명하고, 화면 이동이나 슬라이드에 삽입된 자료를 가리키는 방식을 미리 생각하고 연습한다.

온라인 프레젠테이션은 경우에 따라 프레젠터의 표정이 세밀하게 드러날 수도 있으므로 시선 처리, 표정, 입모양을 밝게 해 청중에게 긍정적인 이미지를 주도록 한다. 또한 청중이 호감을 가질 수 있도록 의상과 헤어스타일을 발표에 적합하게 준비한다.

언어적 표현은 발표자의 자신감과 의지를 드러내므로 발음을 정확하게 하고 너무 빠르거나 느리지 않도록 훈련한다. 스피치의 목적에 따라 때로는 울먹이는 목소리가 공감을 불러일으키기도 하지만, 일반적으로 울림이 있으면서도 편안한 목소리가 신뢰를 준다. 청중에게 지루함을 주지 않기 위해서는 목소리의 크기, 속도, 높낮이를 조절하는 기술이 필요하다.

3 성공적인 온라인 프레젠테이션

1 성공으로 이끄는 온라인 프레젠테이션 내용

- 청중과의 어색함을 깨기 위한 아이스브레이킹을 준비한다.
- 스토리텔링 형식의 구성으로 청중이 발표에 몰입할 수 있도록 한다.
- 통계나 놀라운 사실, 의외성을 갖는 내용을 준비해 청중의 관심을 끈다.

2 성공으로 이끄는 온라인 프레젠테이션 기법

- 사전에 철저히 예행연습을 한다.
- 타깃과 청중을 이해하고 분석한다.
- 스마트 도구 이용이 능숙하도록 연습한다.
- 발음을 정확하게 하고 내용에 적합한 표정과 제스처를 사용한다.
- 제스처 사용에 있어 동작이 화면 안에 들어가도록 하며 과도한 제스처를 사용하지 않는다.
- 온라인 프레젠테이션 저작 도구인 캔바, 프레지, 파워포인트, 구글 슬라이드 가운데 가장 효율적인 것을 선택한다.
- 발표내용과 어울리며 청중에게 좋은 느낌을 줄 수 있는 의상과 헤어스타일을 선택한다.

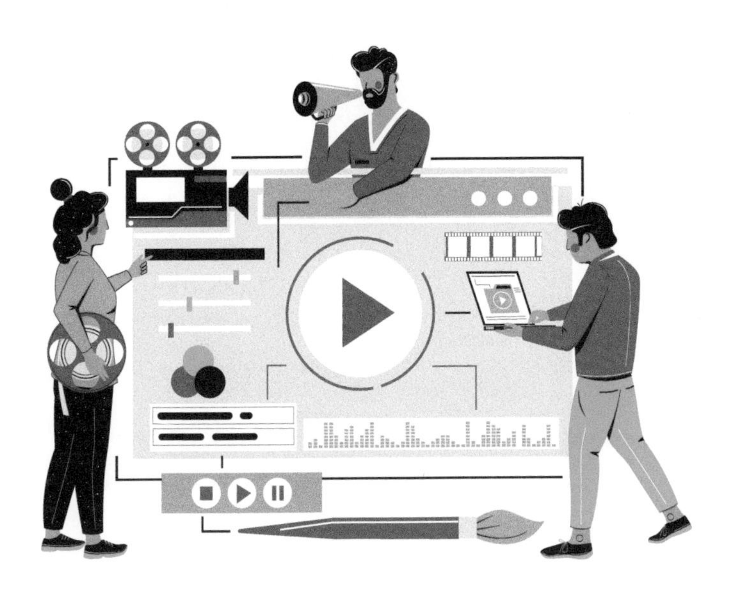

3 스마트 편집도구

스마트 편집도구의 필요성

인터넷과 모바일 기술이 발달하고 본격적인 이미지의 시대로 접어들면서 사진과 영상을 주고받는 일이 일상화되고 있다. 학생은 과제와 팀 작업을 위해, 청년은 취업을 위한 포트폴리오와 면접 준비를 위해, 직장인은 프로젝트와 프레젠테이션을 위해, 프리랜서나 자영업자들은 마케팅을 위해 스마트 편집도구를 사용할 일이 점점 늘어난다. 그 밖에도 취미 활동이나 소셜미디어를 통한 소통에도 많이 이용된다. 블로, 캔바, 비바비디오 등 스마트 편집도구를 이용해 그림과 사진, 동영상을 편집하는 기능을 익히면 쉽고 간편하게 업무 수행이나 프레젠테이션 등에 사용할 수 있다.

필모라고

필모라고는 사진과 동영상을 불러와 실시간으로 미리 보기를 할 수 있으며 소셜미디어 채널에 쉽게 공유할 수 있다. 뒤로감기와 슬로우 모션 동영상 편집을 지원하며 게시하고자 하는 플랫폼의 특성에 맞는 동영상을 생성할 수 있다. 그러나 멀티 트랙 편집이나 4K 동영상을 지원하지 않으며 동영상에 표시되는 워터마크를 지우기 위해서는 유료회원으로 가입해야 한다.

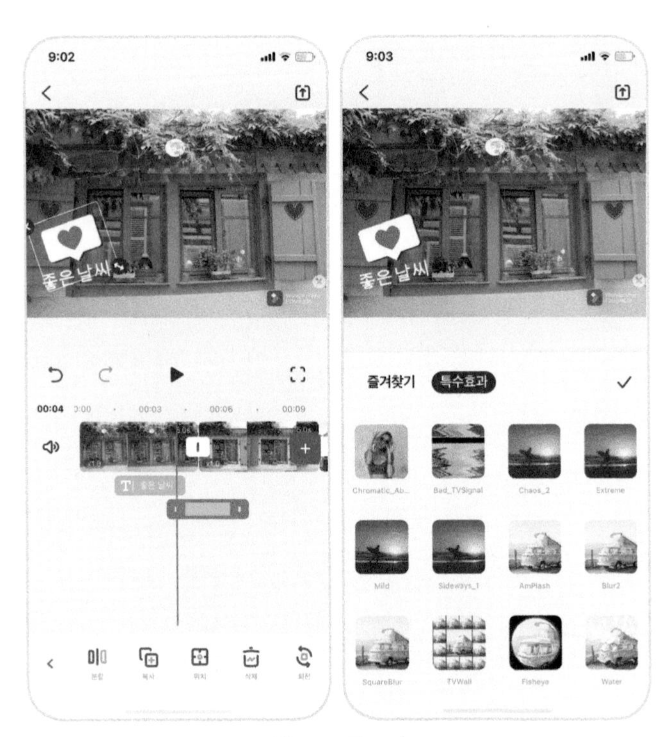

그림 7-3 필모라고

액션디렉터

액션디렉터는 동영상을 편집하고 조절할 수 있는 기본적인 기능을 대부분 갖추고 있으며 직관적 인터페이스를 제공한다. 슬로우모션이나 빨리감기 효과를 지원하며 4K 동영상 편집과 생성이 가능하다. 그러나 필터, 레이어와 같은 동영상의 기본 기능을 지원하지 않으며 안드로이드에서만 사용이 가능하다는 점에서 제한적이다.

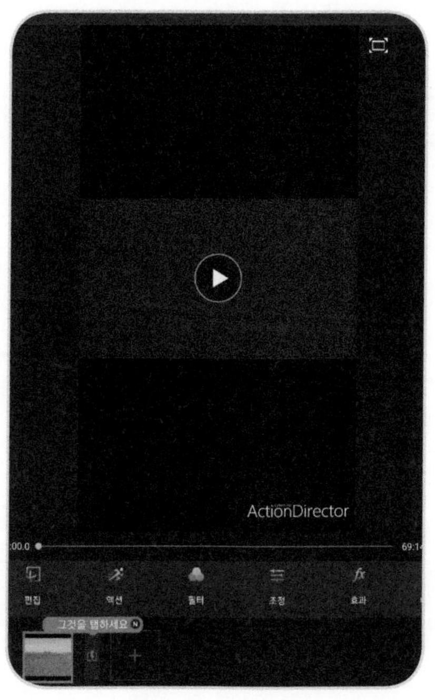

그림 7-4 액션디렉터

프리미어 러쉬

프리미어 러쉬는 일체형 멀티 플랫폼 편집 앱으로 모바일 기기에서 뛰어난 화질의 동영상을 제작할 수 있는 내장 카메라를 갖추고 있다. 어도비 프리미어 프로에서 작업할 수 있는 프로젝트의 생성 기능을 탑재하고 있으며 멀티 트랙 타임라인 편집이 가능하다. 그러나 무료로 이용할 경우 내보낼 수 있는 동영상의 수가 제한되어 있기 때문에 많이 이용하려면 유료로 가입해야 한다.

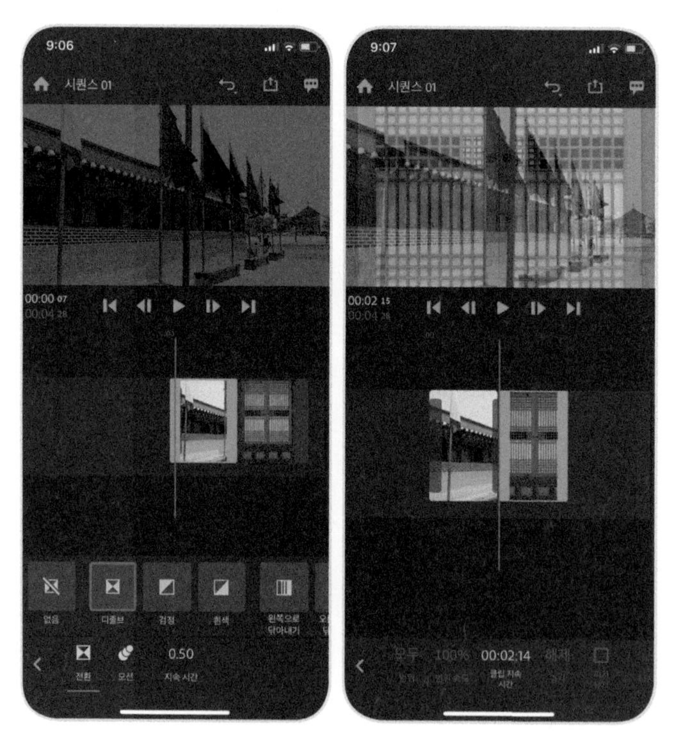

그림 7-5 프리미어 러쉬

퍼니메이트

퍼니메이트는 재미있는 비디오 효과 기능을 100개 이상 제공하며 이용자가 스스로 효과를 만들어볼 수도 있다. 기본적인 편집 기능과 도구들을 모두 갖추고 있으며 개인 맞춤형 비디어 효과를 만들 수 있다는 장점이 있다. 그러나 다른 앱에 비해 전환이나 필터 효과의 종류가 적으며 동영상을 저장할 때 유료로 해야 편리하게 이용이 가능하다.

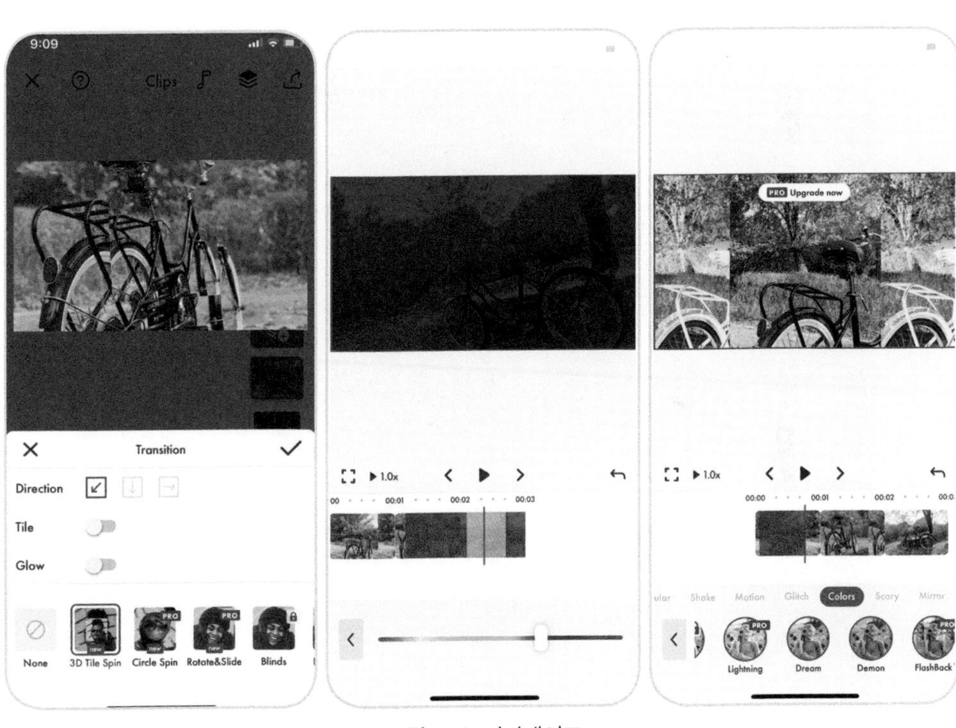

그림 7-6 퍼니메이트

키네마스터

키네마스터는 음성을 입히는 보이스 오버 기능을 갖추고 있으며, 뒤로 감기나 특수효과를 비롯한 수많은 기능을 이용할 수 있다. 다른 앱과 달리 하나의 동영상 안에서 다양한 레이어를 다룰 수 있으며 보이스 오버, 음성변조, 사운드 효과를 지원한다. 그러나 자동으로 나타나는 화면의 워터마크를 지우고 더 많은 리소스와 고급 기능을 이용하기 위해서는 유료로 가입해야 한다.

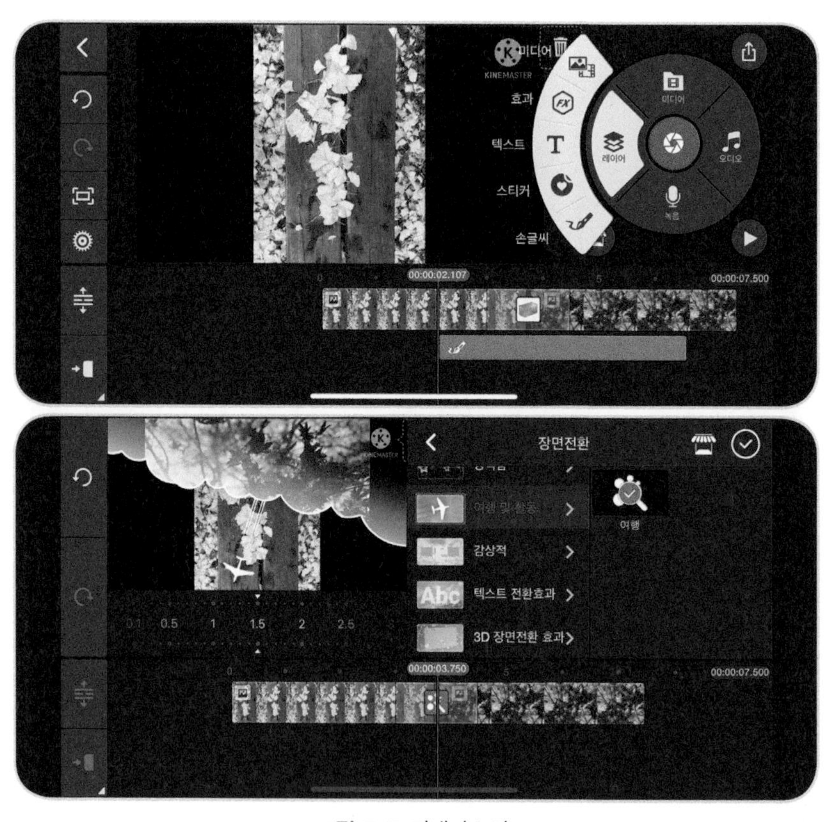

그림 7-7 키네마스터

비바비디오

비바비디오는 유튜브나 틱톡, 인스타그램과 같은 소셜미디어에 올리는 짤막한 동영상 클립을 제작할 때 유용하다. 고화질의 Full HD와 4K 화면 크기로 비디오 내보내기를 지원하는 기능이 있으며 슬로우모션 기능과 슬라이드 쇼 제작 기능을 갖추고 있다. 가끔 사용 중에 앱이 정지되는 버그가 나타나는 문제가 있다.

그림 7-8 비바비디오

얼라이브

짧은 길이의 동영상 편집에 적합한 앱으로 특정한 순간을 포착해 그 부분을 강조하고 공유하는데 편리하다. 경쟁 관계의 다른 앱에서는 제공하지 않는 타임라인 편집 기능이 있지만 무료 버전에서는 워터마크가 나타나며 동영상 재생 시간이 30초로 제한적이다.

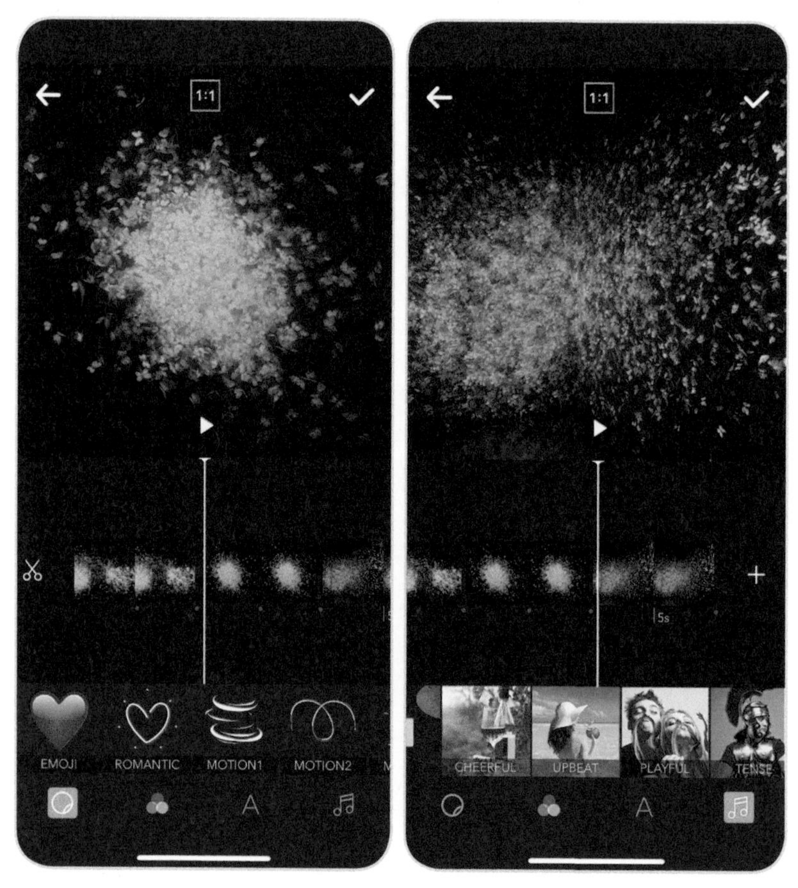

그림 7-9 얼라이브

블로

움직이는 짤막한 이미지인 움짤(gif)을 제작할 수 있으며 필터, 배경음악, 목소리 녹음, 효과음 등 다양한 기능을 탑재하고 있다.

그림 7-10 블로

canva

캔바는 사진이나 그림에 애니메이션 효과를 줄 수 있으며 다양한 디자인 템플릿을 제공해 폭넓게 사용이 가능하다. 소셜미디어, 문서 관련 템플릿뿐 아니라 교육, 마케팅, 이벤트, 광고 등과 관련된 디자인 템플릿도 탑재돼 있다. 캔바에서 제공하는 탬플릿을 그대로 이용하거나 응용하여 제작할 수 있고, 원하는 스타일의 탬플릿을 검색해 찾을 수 있다.

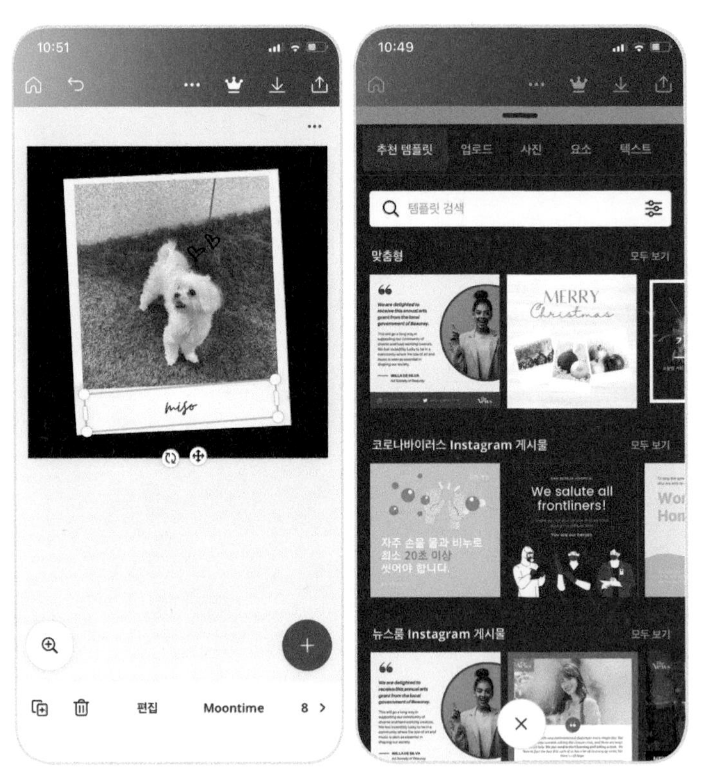

그림 7-11 canva

Chapter 08

온라인 토론

1 온라인 토론의 개념

1 온라인 토론이란?

컴퓨터나 모바일을 기반으로 인터넷을 연결해 온라인으로 진행하는 토론은 면대면 토론의 어색함과 불편함을 개선하고 즉각적인 상호작용을 하며 토론의 새로운 방식으로 각광받고 있다. 웹 환경에서 이루어지는 온라인 토론은 토론 참여자들이 비판적이고 창의적인 사고능력과 윤리의식을 키울 수 있으며, 자신의 주장을 논리적으로 전개하는 능력을 향상시킬 수 있다. 또한 주어진 문제에 대한 자료를 분석하고 참여자들끼리 다양한 시각을 접하는 과정을 거쳐 문제 해결 방법을 찾는다는 점에서 생산적이다.

온라인 토론은 줌이나 웨벡스, 구글 미트와 같은 화상 플랫폼을 이용한 실시간 동영상 토론과 네이버 밴드, 카카오톡, 라인 등 채팅 기능을 이용한 텍스트 기반 토론으로 구분된다.

특히 휴대폰을 이용해 소셜미디어 플랫폼에서 이루어지는 텍스트 기반 온라인 토론은 마치 휴대폰으로 채팅을 하고 게임을 하듯이 소셜미디어로 연결된 사람 간에 견해를 나눌 수 있기 때문에 토론에 따른 부담감이 적은 편이다. 관심사가 비슷한 주제에 대해 댓글을 달고, 관련 자료들의 링크를 걸며, 스티커나 이모티콘을 이용하여 정서적 교감을 나눌 수 있다는 점에서 텍스트 기반 온라인 토론은 주제에 대한 의견 교환과 상호 작용뿐 아니라 토론에 대한 흥미 유발까지 이끌어 낸다. 소셜 플랫폼 상의 토론은 자신의 견해를 글로 적으며 토론을 벌이는데 이 때 말하기와 글쓰기 능력이 동시에 요구되므로 이러한 기능을 갖추어야 한다.

2 온라인 기반 텍스트 토론의 이점

- 온라인 기반 텍스트 토론은 얼굴을 보지 않기 때문에 면대면 토론에 비해 불안감과 긴장감을 덜 느끼게 한다.
- 자료가 필요할 경우 곧바로 검색해 찾아볼 수 있다.
- 주장의 근거가 되는 이미지나 동영상, 신문 기사와 같은 자료를 즉시 공유할 수 있다.
- 이모티콘을 사용해 참여자들을 격려하고 분위기를 고조시키며, 정서적 공감대를 형성할 수 있다.
- 실시간 의사 교환이 가능하다.

3 토론과 논증

토론은 논증을 통해 어떤 논제에 대해 분별력 있는 판단에 이르는 과정이다.[68] 어떠한 문제에 대해 토론을 하는데 있어 그 과정에 필요한 것이 논증이며 이러한 논증을 통해 합리적인 판단과 결정이 가능해진다. 확실한 것에 대해 토론을 벌이는 것이 아니라 불확실하거나 대립되는 사안에 대해 토론이 이루어지기 때문에 토론의 당사자가 제시하는 것은 반드시 명확한 근거라기보다는 가능성이나 그럴 듯해 보이는 것(vraissemblables)인 경우가 대부분이다.[69]

토론의 화법은 논증의 구조를 갖는데 논증은 주장을 정당화하기 위한 근거이자 바탕이 된다. 토론에 있어 토론자는 주장을 내세우고 그에 합당한 근거와 조건을 제시한다.[70]

주장(Claim)

주장은 화자가 말하고자 하는 진술을 뜻한다.

예) 대한민국의 모든 국민은 법 앞에 평등해야 합니다.
　　모든 학생은 배울 권리가 있습니다.

근거(Data)

근거는 주장이 의지하는 사실들의 집합을 뜻한다.

예) 우리나라 헌법 제1조 제2항은 "대한민국의 주권은 국민에게 있고 모든 권력은 국민으로부터 나온다."고 규정하고 있습니다.

조건(Warrant)

조건은 어떤 일을 이루게 하거나 이루지 못하게 하기 위하여 제시하는 요소를 뜻한다.

예) 이웃에게 피해를 입히지 않는 한 우리는 자유를 만끽할 수 있습니다.

실제 온라인에서 기사나 이슈에 대해 벌어지는 토론의 경우 토론 참가자는 편파적인 주장을 내세우거나 근거 없는 주장을 하는 경우가 많다.[71]

근거 없는 일방적인 주장과 말싸움이나 비아냥거림은 합리적이고 민주적이며 발전적인 토론에 걸림돌이 된다. 댓글 형식의 온라인 토론이라고 하더라도 토론의 목적을 생각하며 토론에 따르는 예의와 품격을 지켜야 한다.

2 온라인 토론 기법

1 토론과 설득

아리스토텔레스는 레토릭에 있어 설득의 중요성을 강조하였다.[72] 그는 기술적인 수단(pisteis entechnoi)은 화자가 이용하는 것으로 연설을 통해 만들어진다고 하였다. 아리스토텔레스가 말한 기술적인 수단은 로고스(logos), 에토스(ethos), 파토스(pathos)로 구성된다. 에토스는 연설을 하는 사람의 성품과 관계된 것이며, 파토스는 청중들의 감정의 총체를 말하고, 로고스는 논리적인 것을 의미한다.

■ 표 8.1 기술적인 설득수단

	에토스(ethos)	파토스(pathos)	로고스(logos)
주체	화자	청자	화자
특징	성품	반응	논증
내용	냉철, 따뜻함, 유연함	분노, 감동, 동조, 지루함 등	귀납법, 연역법, 유추 등 논증의 방법

토론자는 청중의 판단과 태도에 영향을 주기 위하여 모든 방법과 기술을 동원해 토론에 임하며 논리적인 주장을 펼친다. 이 때 설득 능력은 청중의 판단에 크게 작용하게 된다.

설득은 "다른 사람의 판단과 행동에 영향을 주기 위한 인간 커뮤니케이션"에 속한다.[73] 인간이 동물과 다른 것은 바로 설득 커뮤니케이션이라는 문제해결, 또는 의사결정 도구를 가지고 있기 때문이다.[74] 설득이란 언어나 행동을 통해 상대방의 의사를 바꾸려는 목적으로 행해지는 커뮤니케이션 행위라고 할 수 있다.

토론에서 토론자는 곧 설득자를 의미한다. 상대방에게 자신의 주장을 이해시키는 동시에 청중을 설득하여 청중의 의사결정과 판단에 영향을 미치는 의도를 지니고 있기 때문이다. 텍스트 기반 온라인 토론에서는 기본적으로 텍스트를 바탕으로 한 문자언어로 상대방을 설득하지만, 사진을 올리거나 동영상이나 관련 자료의 링크를 걸어 활용할 수도 있다. 토론을 진행하면서 관련 기사나 사진, 동영상의 링크를 공유하면 참여자들에게 신속하고 정확한 정보를 제공할 뿐 아니라 자신의 주장을 설득력 있고 논리적으로 펼칠 수 있다.

2 설득 기법

온라인 토론은 화상이나 텍스트를 통해 상대를 설득한다. 특히 텍스트 방식의 온라인 토론은 상대가 보이지 않기 때문에 상대를 덜 존중하거나 예의를 덜 중요하게 생각하기 쉽다. 온라인 토론에서 상대를 설득하고 자신이 주장하는 바를 전달하기 위해서는 상대의 감정을 해치지 않는 다양한 설득의 방법을 익혀야 한다. 치알디니는 설득의 6가지 기법을 다음과 같이 정리하였다.[75]

상호 이익의 법칙

관계를 지속적으로 유지하기 위해서는 기브 앤 테이크가 필요하다. 일방적으로 누군가에게 주기만 한다면 아무리 좋은 의도로 시작했더라도 지치기 마련이다. 그렇다고 물질에 상응하는 대가를 주어야 하는 것은 아니다. 치알디니는 상호 이익의 법칙에 서로에게 유익이 되는 것이라고 강조하면서 미국의 하레 키르슈나 교단의 사례를 들어 설명하고 있다. 이 교단은 성금을 모금할 때 행인들에게 꽃을 한 송이씩 나누어 주었다. 꽃을 받은 사람들은 자신이 무언가 빚을 졌다고 생각해 요청이 없었는데도 기부행위를 하게 되었다. 이처럼 상대가 서로에게 도움이 되는 행위를 하는 사람이라는 인식이 생긴다면 신뢰가 쌓이게 되고 그의 주장은 설득력을 얻게 될 것이다.

사회 인증의 법칙

온라인에서 물건을 구매할 때 리뷰가 없거나 적은 물건을 사기는 꺼려하는 반면, 평점이 높고 리뷰 수가 많은 것은 선뜻 구매하게 된다. 이것은 많은 사람이 인증했다고 믿기 때문이다. 이처럼 사람들은

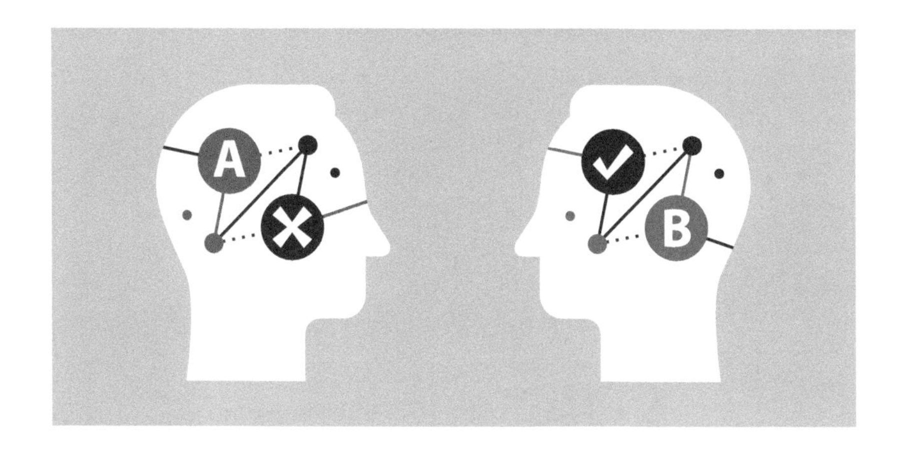

다수가 선택하는 행동을 함께 하게 될 때 안정감을 느끼고 신뢰를 갖게 된다. 설득의 효과를 얻기 위해서는 자신의 주장이 다수에게 인정받고 있다는 것을 증명하고 강조해야 한다.

일관성의 법칙

자신의 주장이 설득력을 얻기 위해서는 그 안에 정체성과 이미지의 일관성을 담고 있어야 한다. 마찬가지로 사람들은 일관성을 유지하는 것을 선호하기 때문에 자신의 성향을 쉽사리 바꾸려 하지 않는다. 이러한 성향을 파악한다면 사람들의 의견을 바꾸려고 할 때 그에 타당한 가치를 제시할 수 있어야 한다. 설득력을 얻기 위해서는 진정성을 보여야 하며 일관성을 지녀야 한다. 아랫사람에게는 함부로 대하면서 윗사람에게는 굽실거리거나 어제의 피드백과 오늘의 피드백이 다른 사람을 믿기는 어렵다. 믿으라고 굳이 강조하지 않아도 궂은일도 마다하지 않으며 누가보든 안 보든 솔선수범하는 사람은 모두의 존경과 신뢰를 받기 마련이다.

호감의 법칙

외모가 수려하지 않더라도 정이 가는 사람들이 있다. 깔끔하고 단정한 스타일을 선호하는 분야가 있는가 하면 수더분하고 털털한 스타일에 인간미를 느끼고 좋아하는 경우도 있다. 호감을 얻기 위해서는 밝은 표정과 친근하거나 혹은 단정한 차림과 같이 상대의 기대에 부응하는 외양을 갖추어야 한다. 온라인에서 호감을 얻기 위해서는 화상으로 보이는 얼굴 표정과 의상, 헤어스타일을 제대로 준비한다. 텍스트 기반 온라인 토론에서는 단어 사용에 특히 주의해 상대를 배려하고 존중하는 말투와 글씨, 이모티콘을 사용하며 화상 토론에서는 잘 갖춰진 복장과 이미지로 토론에 임한다.

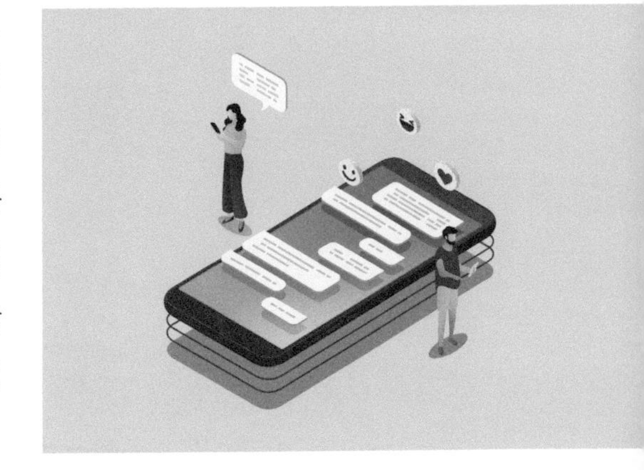

권위의 법칙

사람들은 권위를 지닌 사람들의 말을 신뢰하며 잘 받아들이는 경향이 있다. 하얀 가운을 입은 의사, 법복을 입은 판사, 잘 다려진 양복을 입고 뺏지를 단 신사의 말을 귀담아듣는 것도 그러한 이유에서이다. 권위를 지닌 사람의 말은 설득력을 지니는 법이다.

희귀성의 법칙

일반적으로 다수가 신뢰하는 것을 따르려는 것이 사회 인증의 법칙이며, 설득에 중요하게 작용하지만 동시에 사람들은 타인과 다른 독특한 선택을 함으로써 돋보이려고 하는 심리도 가지고 있다. 여러 사람이 우려먹은 사례를 드는 것은 피하고 독특하고 남들이 알지 못하는 사례를 찾아 설득한다면 사람들의 관심을 끌기 쉽다.

이 밖에도 설득을 위해서는 이성에 호소할 점과 감성에 호소할 부분을 잘 파악할 수 있어야 한다. 이성에 호소하기 위해서는 사실, 주장, 사례, 관찰, 경험이 중요하기 때문에 사전에 자료를 확보하고 정리해 둔다. 감성에 호소하기 위해서는 분위기의 활용과 친근감, 유머감각, 정서적 공감, 감정의 자극과 같은 기법이 필요하다. 이러한 설득의 기법은 누군가를 설득해야 하는 상황에 유용하게 작용한다.

3 정서적 요소

토론에서 흥미와 재미, 공감 등 정서적인 요소는 토론에 대한 거부감을 감소시키고, 토론 참여를 유발하는 동기가 될 수 있다. 특히 상호작용이 중요한 온라인 토론에서는 정서적 요소가 중요하게 작용하며 텍스트 기반 온라인 토론에서는 면대면 토론에서 사용하는 제스처, 억양, 얼굴표정 등이 부족하기 때문에 이모티콘을 사용한 감정의 표현이 토론을 지속하게 하고, 상대방과 소통하는데 중요한 역할을 담당하기도 한다. 정서를 뜻하는 'emotion'과 '아이콘(icon)'의 합성어인 '이모티콘(emoticon)'은 인터넷 사용자들이 태도나 견해를 표명하기 위하여 글자의 일부를 사용하여 ': -) (스마일)', ': -/(회의적)' 등과 같이 나타내는 것을 말한다.[76]

자판의 문자, 기호, 숫자 등을 적절히 조합하여 정서와 감정을 나타내는 디지털 상징체계인 이모티콘은 인터넷 상의 고유 언어라고 할

수 있다.[77] 1980년 미국 대학생인 스코트 펠만이 최초로 이모티콘을 사용한 이후 전 세계에 널리 확산되었다.

인간은 소통에 있어서 언어 이외에 몸짓이나 억양, 얼굴 표정, 신체 접촉 등 다양한 비언어적 도구를 사용하지만 컴퓨터 기반 소통(CMC : Computer mediated communication)에서는 이것이 불가능하므로 감성적이고 인간적인 접촉을 위해 이모티콘의 사용이 점차 증가하고 있다.[78] 이모티콘의 종류로는 문자와 부호의 조합으로 만들어진 텍스트 이모티콘, 그래픽 형태의 정적인 이미지 이모티콘, 움직이는 형태로 표현된 애니메이션 이모티콘(플래시콘)등이 있는데, 멀티미디어의 사용이 증가함에 따라서 텍스트 형태에서 그래픽 형태의 이모티콘으로 바뀌고 있다.[79]

소셜미디어 플랫폼은 자체적으로 캐릭터형 이모티콘을 개발하여 제공하는데 사용자들은 감정의 표현을 쉽게 하기 위해 이러한 이모티콘을 사용한다. 컴퓨터 기반의 온라인 토론 뿐 아니라 휴대폰을 이용한 모바일 토론에서 텍스트 이모티콘과 그래픽 이모티콘인 스티커를 이용한 의사소통은 상호작용성을 높여주고, 토론참여를 활발하게 하며 상호 자극이 되는 정서적 요소로 작용한다.

3 온라인 토론 진행

1 온라인 토론 진행 방법

- 토론의 주제를 선택한다.
- 토론 참가자와 토론의 진행 방식을 협의한다.
- 온라인 토론 플랫폼을 선택한다.
- 진행자와 기록자를 정한다.
- 토론개요서를 작성한다.
- 주장과 주장에 따른 근거를 찾아 정리한다.
- 사회자가 온라인 토론의 개회를 선언한다.
- 사회자가 온라인 토론 참가자를 소개한다.
- 온라인 토론을 진행한다.
- 사회자가 온라인 토론을 마무리한다.
- 사회자가 온라인 토론의 폐회를 선언하고 참가자와 종료 인사를 나눈다.

토론개요서의 양식은 다음과 같다.[80]

〈토론개요서〉

토론개요서			
작성일		팀명 및 참여자	
논제			
주장1			
근거1			
근거2			
주장2			
근거1			
근거2			
주장3			
근거1			
근거2			

2 온라인 토론에 필요한 능력

- 설득력을 지녀야 한다.
- 공감화법을 사용한다.
- 상대의 말을 잘 듣는 경청 능력과 상대의 토론 메시지를 잘 읽고 해석하는 능력을 갖는다.
- 컴퓨터 또는 모바일 기반 토론에 필요한 도구의 기능을 잘 활용한다.
- 불필요한 논쟁을 벌이지 않는다.
- 시간을 잘 분배하고 정해진 시간 안에 내용을 전달한다.
- 정서적 표현 도구를 적절하게 사용한다.

그림 8-1 온라인 토론: 네이버 밴드를 이용한 토론의 예

I am right
Me too

Chapter 09

저작권의 이해

1 저작권의 개념

2 소프트웨어 라이선스

3 저작권 준수

1 저작권의 개념

copyright

1 저작권 관련 개념

저작권(copyright)

저작권이란 문학과 예술, 학문의 범위에 속하는 저작물과 창작물에 대해 원래의 저자와 창작자가 갖는 권리를 말한다. 협의의 저작권은 저작재산권만을 가리키지만 보다 넓은 의미에서 저작권은 저작인격권, 저작인접권, 출판권까지 모두 포함한다.

저작자는 자신의 저작물에 대해 타인의 이용을 허락하거나 허락하지 않을 권리를 갖는다. 저작물은 공정한 이용과 문화의 발전을 위한 공공재의 성격을 띠며 법에 의해 저작권이 보호되는 기간이 명시된다. 우리나라에서 저작권은 저작권자의 사후 70년간 보호되며 이후에는 저작권이 소멸된다.

저작재산권(economic right)

저작자가 자신의 저작물에 대해 갖는 재산적인 권리를 뜻한다. 따라서 일반적인 물권과 마찬가지로 지배권이며, 양도와 상속의 대상일 뿐만 아니라, 채권적인 효력도 가지고 있다.

저작인격권(moral rights of the author)

저작자가 자신의 저작물에 대해 갖는 정신적 · 인격적 이익을 법으로 보호 받는 권리를 저작인격권이라고 하며 저작인격권은 공표권 · 성명표시권 · 동일성유지권을 포함한다. 저작물을 대외적으로 공개하는 권리를 공표권이라고 하며 저작자가 저작물에 자신의 이름이나 필명, 서명 등을 표시하는 것은 성명표시권에 해당한다. 동일성유지권은 저작물의 내용을 그대로 유지하는 권리를 말하는데, 원곡을 편곡하거나 소설을 영화화하려면 저작자의 허락을 구해야 하며 저작자의 이용 조건을 따라야 한다.

저작인접권(neighbouring right)

직접 창작을 하지는 않았지만 저작물의 가치를 높이는데 기여한 사람들에 대해 그 권리를 인정하는 것이 저작인접권의 취지이다. 실연자가 곡을 연주하는 것, 음반 제작자가 곡을 내는 것, 방송사업자가 방송을 하는 것 등은 저작인접권에 해당한다.

출판권

저작물을 인쇄하여 발행하는 권리를 출판권이라고 하는데 이를 위해 출판사는 저작재산권자로부터 저작물 이용 허락을 받아야 한다. 보통 계약서를 통해 저작자와 출판사가 합의하여 출판권을 설정한다.

2 저작권법

저작권법은 저작자와 인접하는 권리를 보호하고 저작물의 공정한 이용을 통해 문화산업의 발전에 기여하기 위한 목적으로 제정되었다. 저작권법에서 저작물은 인간의 사상이나 감정을 표현한 창작물을 가리킨다. 저작자는 저작물을 창작한 사람을 뜻하며 공연은 저작물, 실연, 음반, 방송을 상연하거나 연주, 가창, 구연, 낭독, 상영, 재생 등의 방법으로 공중에게 공개하는 행위를 말한다. 영상저작물, 미술저작물, 컴퓨터프로그램저작물, 편집물도 저작권법의 범위에 포함된다.

온라인 상에서 저작물을 제공할 경우 반드시 저작권 여부를 확인해야 하며 온라인에서 불법으로 저작물을 이용하거나 다운받지 않아야 한다. 저작권이 있는 타인의 저작물을 함부로 이용할 경우 3년 이하의 징역 또는 3천만 원 이하의 벌금을 내야 한다.

2 소프트웨어 라이선스

1 프리웨어(freeware)

자유 소프트웨어는 GPL(General Public License)을 준수하는 소프트웨어로 무료 복제가 가능하며 지속적 이용이 가능한 공개 소프트웨어를 말한다. 조건이나 기간, 기능에 제한을 두지 않으며 개인 사용자라면 누구나 무료로 사용할 수 있도록 허가된 공개프로그램이다. 라이선스 요금 없이 무료로 배포되지만 영리를 목적으로 배포할 수 없으며 기업 업무용 이용이나 상업적 용도로 사용하려면 비용을 지불해야 한다.

원 제작자가 저작권을 보유하고 있는 경우도 있고 저작권을 포기한 경우도 있는데, 저작권이 있는 프리웨어의 경우 내용을 바꾸거나 상업적인 용도로 사용할 수 없다. 그래텍의 '곰플레이어'가 저작권이 있는 대표적인 프리웨어인데 기업용 유료 제품을 별도로 내놓거나 제품 내에 광고나 협력사의 프로그램을 넣는 방식으로 수익 모델을 운영한다. 파이어 폭스는 대표적인 자유 소프트웨어로 GPL(General Public License)을 준수하는 소프트웨어다.

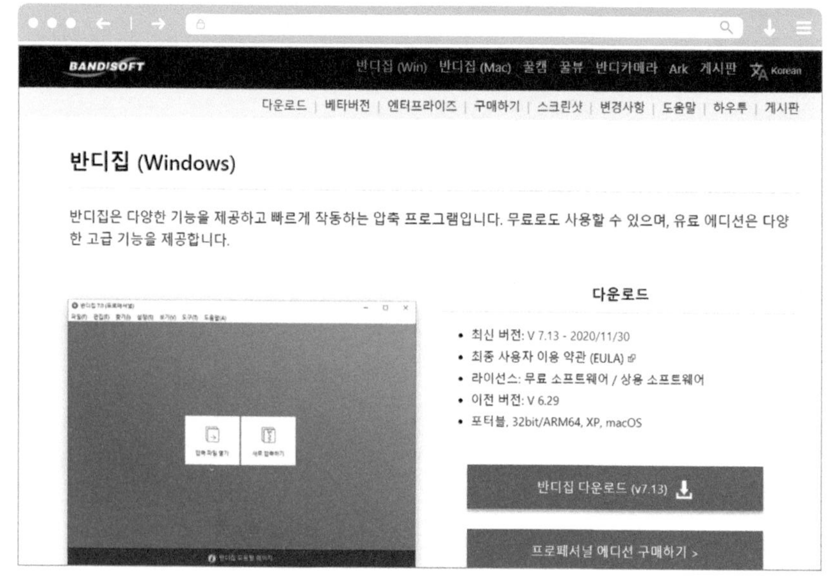

그림 9-1 반디집 무료 다운로드: 파일을 압축하는 소프트웨어인 반디집은 무료로 사이트에서 다운로드 표시를 클릭하면 바로 다운 받아 사용이 가능하다.

2 쉐어웨어(shareware)

자유롭게 사용하거나 복사할 수 있도록 시장에 공개하고 있는 소프트웨어를 쉐어웨어라고 한다. 제조사들이 정품 구매를 확대하기 위해 전략적으로 공급하는 샘플이라고 보면 된다. 자유롭게 사용하거나 복사할 수 있지만 판권은 공개한 제조사에 속하며 일정기간 사용하고 난 뒤 연장하려면 비용을 지불하고 정식사용자 등록을 해야 한다. 지정된 기간이 끝난 이후에도 프로그램을 그대로 사용한다면 저작권법 위반에 해당한다. 쉐어웨어는 보통 두 가지 방식으로 배포된다. 마이크로소프트 워드프로세서의 평가판이나 이미지 편집 프로그램처럼 한 번 구매하면 장기간 사용하는 소프트웨어의 쉐어웨어는 처음 설치하면 1개월~3개월 정도만 사용이 가능하다. 이후 기간이 만료되면 정식 제품을 구매해야 사용할 수 있다. 기간에 제한을 두지 않지만 일부 핵심 기능을 차단하여 사용하지 못하게 하는 방식도 있는데, 흔히 게임 소프트웨어에서 일부 에피소드만 공개하는 방식으로 배포한다. 쉐어웨어는 포털 사이트나 제작사 홈페이지에서 쉽게 다운 받아 사용할 수 있다.

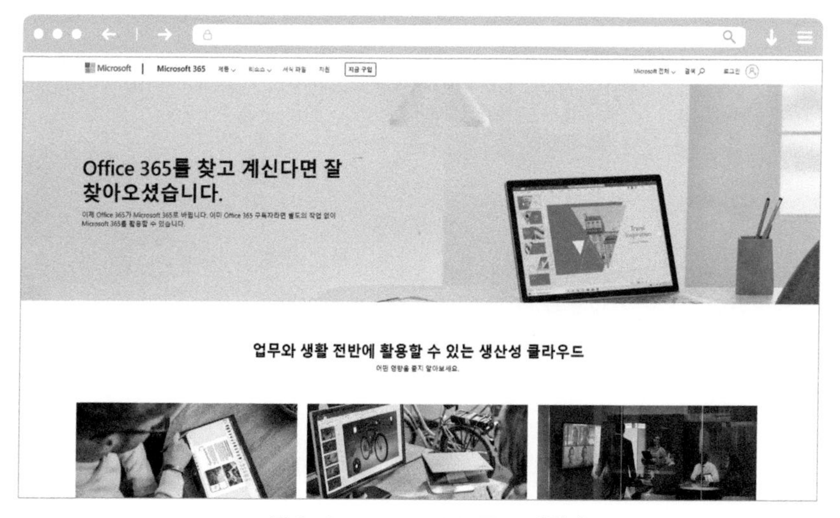

그림 9-2 Microsoft 365무료 체험판

3 저작권 준수

1 CCL(Creative Commons License)

온라인에서 타인의 저작물을 이용할 경우 반드시 저작권 유무와 저작물 이용 허락 표시를 확인해야 한다. CCL(Creative Commons License)은 저작권자가 자신의 저작물을 타인이 이용할 때 조건과 방법을 나타내는 일종의 저작물 이용 허락 표시라고 할 수 있다. 일반적으로 저작자 표시(Attribution), 비영리(Noncommercial), 변경금지(No Derivative Works), 동일 조건변경허락(Share Alike) 등이 사용된다.

저작권을 나타내는 기호는 다음과 같다.

■표 9.1 라이선스 표시 기호[81]

기호	의미
	• **저작자 표시 (Attribution)** 저작자의 이름, 출처를 반드시 표기해야 한다. 저작물을 복사하거나 다른 곳에 게시할 때도 반드시 저작자와 출처를 표시한다.
	• **비영리 (Noncommercial)** 저작물을 영리 목적으로 이용할 수 없다. 영리목적의 이용을 위해서는 별도의 계약이 필요하다.
	• **변경금지 (No Derivative Works)** 저작물을 변경하거나 저작물을 이용해 2차 저작물을 만들 수 없다.

• **동일조건변경허락(Share Alike)**
2차 저작물 창작을 허용하되, 2차 저작물에 원 저작물과 동일한 라이선스를 적용해야 하는 조건이다.

이러한 약속에 따라 저작물의 권리는 다음과 같이 6가지로 표시할 수 있다.

저작자 표시 (CC BY)

저작자표시-비영리(CC BY-NC)

저작자표시-변경금지 (CC BY-ND)

저작자표시-동일조건변경허락 (CC BY-SA)

저작자표시-비영리-동일조건 변경 허락 (BY-NC-SA)

저작자 표시-비영리-변경금지 (BY-NC-ND)

그림 9-3 CC라이선스 6종류

2 CC(퍼블릭도메인)

이미지

자신의 저작물을 아무런 조건 없이 누구나 사용하도록 허용하려면 CC0를 적용해 퍼블릭 도메인으로 공개할 수 있다. 퍼블릭 도메인은 저작권이 소멸된 저작물로, 저작권보호기간이 지나 저작권이 만료된 저작물이나 저작권자가 저작권을 포기한 저작물이 여기에 해당한다. 인터넷에서 사진이나 음악, 동영상을 다운받아 사용할 때 CC0로 표시된 저작물은 저작권에 관한 걱정 없이 이용 가능하다. 해외 사이트에서도 다음과 같이 표시되어 있다면 아무런 문제없이 다운로드하고 마음껏 변형하여 사용할 수 있다.

그림 9-4 © Creative Commons Zero (CC0)

• CC0 이미지 이용법

무료 사진 또는 free image 사이트를 검색한 다음 상업적, 비상업적 용도에 무관하게 무료로 다운 받을 수 있는지 확인하고 다운받아 사용한다.

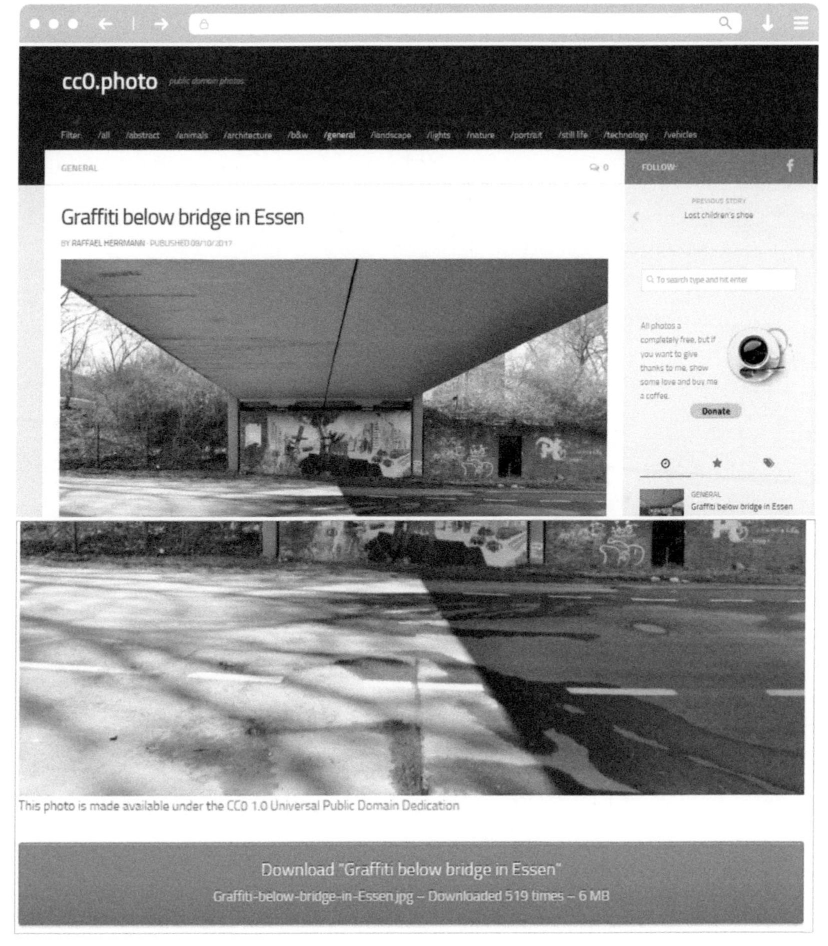

그림 9-5 CC0 이미지

웹상에서 "Free for commercial use No attribution required"라고 표시되어 있다면 아래와 같이 사진을 다운 받아서 상업적 용도로도 사용할 수 있으며 저작자를 나타내지 않아도 된다.

그림 9-6 CC0 이미지

• 픽사베이 https://pixabay.com/

상업적 이용이 가능한 무료 이미지를 골라 다운받을 수 있다. 사진을 다운받을 때 저작권 여부를 한 번 더 확인하고 사용한다.

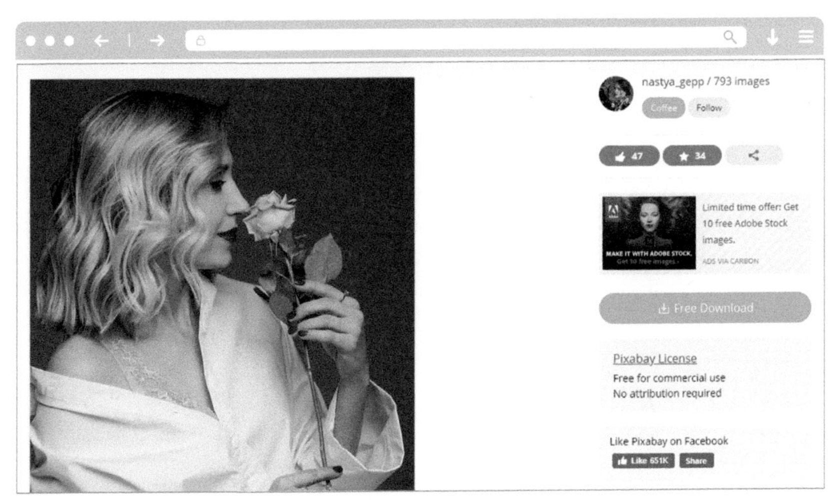

그림 9-7 픽사베이

• 구글 무료 이미지 사용법

구글에서 키워드로 이미지를 검색한다. 예를 들어 예쁜 카페 사진이 필요하다면 '카페'라고 키워드를 넣은 다음 이미지를 클릭한다. 카페 이미지가 뜨면 오른쪽 상단의 '도구'를 클릭한다.
도구 하단의 '사용권'을 클릭하면 '크리에이티브 커먼즈 라이선스'와 '상업 및 기타 라이선스'의 카테고리가 보인다. 무료 이미지를 사용하려면 크리에이티브 커먼즈 라이선스를 선택한다.
사진을 선택하면 저작권 표시가 나타나는데 CC0라고 뜨면 조건 없이 무료로 사용할 수 있으므로 자유롭게 사용한다. CC 라이선스라도 조건부 사용이 있으므로 반드시 저작권 확인을 해야 한다.

그림 9-8 구글 무료 이미지 검색 순서

음원

• **무료 소리창고**(https://pgtd.tistory.com/)

무료 효과음을 다운받아 사용할 수 있다. 프레젠테이션 제작에 유용한 박수나 환호 소리, 알람 소리 등을 제공한다.

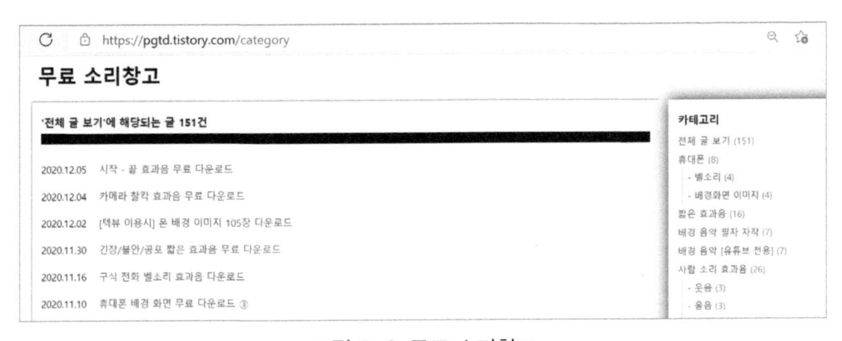

그림 9-9 무료 소리창고

• 사운드스냅(www.soundsnap.com)

음향효과가 카테고리 별로 제공되며 한 달에 5개 파일만 무료로 다운받을 수 있다.

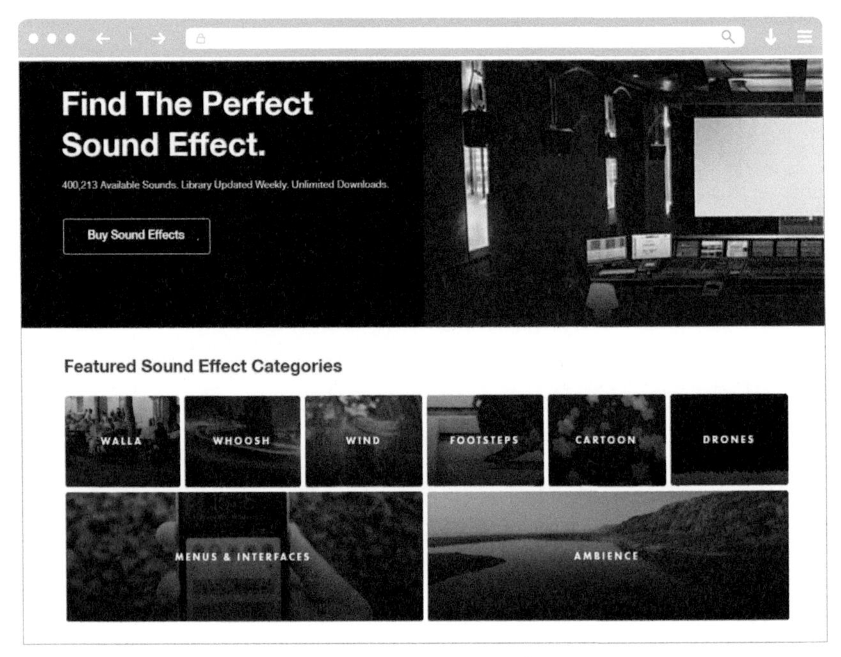

그림 9-10 사운드 스냅

• 유튜브 스튜디오

유튜브 홈페이지에서 계정을 만든다. (지메일 계정이 있으면 활용 가능)

로그인 후 계정 오른쪽 상단의 계정 아이콘을 클릭한다.

유튜브 스튜디오를 클릭한다.

오디오 보관함에서 무료 음악의 라이선스 유형을 확인하고 음원을 사용한다.

그림 9-11 유튜브 스튜디오

YouTube 오디오 보관함 라이선스

수익을 창출하는 동영상을 포함한 모든 동영상에서 이 오디오 트랙을 무료로 사용할 수 있습니다. 저작자 표시는 필수 항목이 아닙니다.

YouTube에서 아티스트를 출처로 밝히고 동영상의 오디오 보관함을 연결할 수 있습니다.

보관함의 음악 파일이 포함되어 있는 동영상 및 기타 콘텐츠와 별도로 해당 음악 파일을 제공, 배포 또는 연주할 수 없습니다. 예를 들어 보관함 음악 파일의 독립적인 배포는 허용되지 않습니다.

그림 9-12 유튜브 보관함 라이선스

3 저작권 침해

온라인에서 창작물을 불법 이용하거나 다운 받는 것과 소프트웨어의 불법 복제는 저작권 침해 행위에 해당한다. 웹툰을 무단으로 업로드했던 밤토끼의 운영진은 저작권법 위반으로 징역형을 선고받았고

웹툰 작가에게 150만 원에서 600만 원에 이르는 손해배상 책임을 져야 했다. 재판부는 타인이 저작권을 보유하고 있는 웹툰이라는 사실을 알면서도 허락 없이 웹사이트에 무단으로 웹툰을 업로드되게 하였으며, 웹사이트 접속자들이 게시된 웹툰을 볼 수 있게 해 복제권과 공중송신권을 침해했다며 밤토끼 측이 손해배상 책임이 있다고 판결했다.

저작권 보호를 위해 저작권 위반 사항을 공익 신고할 수 있도록 제도가 마련되어 있다. 저작재산권을 침해하는 불법 복제 · 공연 · 전시 · 배포 · 대여는 공익 침해행위로 간주해 공익신고 대상이 된다. 저작권 보호 대상인 방송, 영화 등 콘텐츠를 불법으로 게시하거나 웹하드의 기술적 조치 우회 콘텐츠를 이용하는 행위, 비공개 블로그, 카페, 밴드 등에 저작권 침해 게시물을 올리는 행위는 모두 저작권 침해에 해당한다. 온라인에서 콘텐츠와 소프트웨어를 이용할 경우 항상 저작권 유무와 범위를 확인해야 한다.

참고문헌

국내 문헌

- Aristotle, 이종오(역)(2015). 수사학. 서울 : HUEBOOKs.
- 강태완(2010). 아리스토텔레스가 전하는 설득의 9 가지 비밀 설득의 원리. 페가수스.
- 강태완, 장해순(2003). 대학생들의 토론학습동기와 인지욕구가 토론능력, 상호작용관여 및 논쟁성에 미치는 영향, 한국언론학보, 47(6), 249.
- 김민성(2008). 온라인 토론에서의 정서적 경험의 변화과정 : 타인과의 상호작용을 통한 정서의 변화, 교육심리학, 22(4), 697.
- 김승남, 주종웅(2014). 원격근무의 정의, 현황, 그리고 전망. 정보화정책, 21(2) : 89-110.
- 김아라, 한정희(2012). 인스턴트 메신저의 "이모티콘" 찾기에 관한 연구, 한국HCI학회 학술대회, 436-437
- 김용섭(2020). 언커넥트. 퍼블리온.
- 김윤정(2018). 공감 기반 설득 화법 교육 연구, 이화여자대학교 박사학위논문.
- 김윤정(2020). 공감 프레젠테이션 교육 내용 연구. 문화교류와 다문화교육 (구 문화교류연구), 9(5), 351-376.
- 김종진(2020). 디지털 플랫폼노동 확산과 위험성에 대한 비판적 검토. 경제와 사회, 296-322.
- 김찬석(2007). PR실행과 평가. 오창일 등, 제일기획 출신 교수가 쓴 광고홍보실무 특강. 서울 : 커뮤니케이션북스,
- 김찬석, 이완수(2019). 스마트 프레젠테이션. 국방인문총서, 12, 4-93.
- 김철식, 장귀연, 김영선, 윤애림, 박주영, 박찬임, 홍석만(2019). 플랫폼노동종사자 인권상황 실태조사. 국가인권위원회.
- 나은미(2007). 성인화자의 말하기 평가 방법; 효과적인 프레젠테이션의 조건 및 평가에 대한 고찰, 화법연구 11, 35-66.
- 나준규, 김동연(2020). 모바일 기반의 이러닝 콘텐츠 플랫폼 특성이 재이용 의도에 미치는 영향. 한국컴퓨터정보학회논문지, 25(9), 183-191.
- 남예은, 이명진, 이윤형(2020). 피드백과 메타인지가 논리적 추론 시 신념 편향에 미치는 영향. 인문논총, 53, 151-169.
- 디지털타임스(2020). '산업 경계 허무는 플랫폼 비즈니스… 2025년 60억 달러'
- 마셜 밴 앨스타인, 상지트 폴 초더리 외 1명, 이현경(역)(2017). 플랫폼 레볼루션 : 4차 산업혁명 시대를 지배할 플랫폼 비즈니스 모든 것. 부키.

- 박성복, & 황하성. (2007). 온라인 공간에서의 자기노출, 친밀감, 공동 공간감에 관한 연구. 한국언론학보, 51(6), 469-494.
- 쉬쉔장(2018). 하버드 첫 강의 시간관리 수업, 리드리드출판.
- 스티븐 E. 툴민, 고현범, 임건태 외 1명(역)(2006). 논변의 사용, 고려대학교출판부 : 서울.
- 안원미, 김종완, 한광희(2010). 메시지 해석에 이모티콘이 미치는 정서적 효과 - 휴대전화 문자 메시지 상황을 중심으로, 한국HCI학회논문지, 5(1), 12.
- 안재현, 오창우(2008). 온라인 매체를 활용한 토론교육의 활성화 방안에 관한 연구, 스피치와 커뮤니케이션, 9, 10.
- 양경욱(2020). 플랫폼 경제와 문화산업 : 만화산업의 플랫폼화와 웹툰 작가의 자유/무료노동. 노동정책연구, 79-106.
- 양인숙, 문미경(2011). 기업의 유연근무제 도입 실태 및 활성화 방안. 한국여성정책연구원.
- 윤상진, 깜냥(2012). 플랫폼이란 무엇인가?. 한빛비즈,
- 이경원, 채정화, 이영주(2017). 플랫폼 중립성 정책개발 기반 연구. 한국인터넷진흥원.
- 이연주, 임경수(2020). 대학생의 프레젠테이션 능력 진단도구 개발 및 타당화 연구. 교양교육연구, 14(2), 265-275.
- 이은주(2009). 의무적인 비동시 온라인 상호작용의 특성과 의미에 관한 연ㅈ 구, 교육정보미디어연구, 15(1), 125.
- 장영희(2011). 대학생 토론 교육의 실제와 개선방안 연구 : 남서울대 토론 지도를 중심으로, 화법연구, 18, 131.
- 제임스 웹, 신인섭(역)(2014). 아이디어를 내는 방법, 커뮤니케이션북스,
- 조용호(2011). 플랫폼 전쟁. 북이십일 21세기북스.
- 조윤경(2020). 대학생의 공감적 스피치 능력에 관한 연구 : 비 · 언어적 능력 및 토론, 공감 능력과의 관계를 중심으로.
- 조혜정(2020). 코로나19로 인한 디지털 기반 비대면 경제 확산으로 플랫폼 통한 기업 소비자 상호작용 가속화 전망. 부산발전포럼, 21.
- 최병삼(2012). 가치창출 틀 플랫폼, 다원화 혁명 이끈다. DBR : Platform Leadership, Issue2, (103).
- 필립 브르통, 질 고티에, 장혜영(역)(2006). 논증의 역사, 커뮤니케이션북스.
- 한림학사(2007). 통합논술 개념어사전. 청서.
- 현희(2013). 대학교 어학수업에서의 상호문화지역학 - 에티켓을 중심으로. 외국어로서의 독일어, 32, 203-231.
- 홍숙영(2014). SNS 토론에 나타난 논증구조와 SNS 토론의 특징-네이버 밴드를 활용한 모바일토론을 중심으로. 예술과 미디어, 13(2), 157-174.

- 황병선(2012). 스마트 플랫폼 전략 : 플랫폼 생태계 생존전략, 한빛미디어.
- 황혜진, 조계숙(1998). 효과적인 프리젠테이션에 관한 연구, 비서학논총 7(1), 125-142.

해외 문헌

- Amaghlobeli, N. (2012). Linguistic features of typographic emoticons in SMS discourse. Theory and Practice in Language Studies, 2(2), 348.
- Arkes, H. R., Dawes, R. M., & Christensen, C. (1986). Factors influencing the use of a decision rule in a probabilistic task. Organizational behavior and human decision processes, 37(1), 93-110.
- Austin J. Freeley, (1996). Argumentation and debate. Cengage Learning.
- Balle, F. (1998). Dictionnaire des Médias, Larousse, Paris.
- Bar-On, R. E., & Parker, J. D. (2000). The handbook of emotional intelligence : theory, development, assessment, and application at home, school, and in the workplace. Jossey-Bass.
- Conant, D. R. (2011). Secrets of Positive Feedback. Harvard Business Review. http : //cms-colorado.com/wp-content/uploads/2015/01/18.pdf
- Davis, F. D. (1989). Perceived usefulness, perceived ease of use, and user acceptance of information technology. MIS Quarterly, 13(3). 319-340.
- Deci, E. L. (1971). Effects of externally mediated rewards on intrinsic motivation. Journal of personality and Social Psychology, 18(1), 105-115
- Goleman, D. (1995), Emotional intelligence. New York : Bantam.
- Griffiths, B., & Beierholm, U. R. (2017). Opposing effects of reward and punishment on human vigor. Scientific reports, 7, 42287.
- Hymes, D. (1972). On communicative competence. sociolinguistics, 269-293.
- Kannan, P. K., A. M. Chang, and A. B. Whinston. (2001). Wirelesscommerce : marketing issues and possibilities, Proceedings of the 34th Hawaii International Conference on System Sciences, 1-6.
- Kim, M. (2016). Analysis of Factors Affecting on Mobile Video Services' Satisfaction, Journal of the Korea Contents Association, 16(5), 35-45
- Mehrabian, A. (2017). Nonverbal communication. Routledge : New York.

- Moores, T. T., & Chang, J. C. J. (2009). Self-efficacy, overconfidence, and the negative effect on subsequent performance : A field study. Information & Management, 46(2), 69-76.
- Morreale, S. (1990). The competent speaker : Development of a communication-competency based speech evaluation form and manual. Paper Presented at the Annual Meeting of the Speech Communication Association, Chicago.
- Neta, M. & P. Whalen. (2010). The Primacy of Negative Interpretations When Resolving the Valence of Ambiguous Facial Expressions, Psychological Science, 21(7) , 901~907.
- Nickols, F. (2011). Feedback about feedback. Contrasts between the Behavioral Science and Engineering Views. https://nickols.us/
- O'Connor, L., & Rapchak, M. (2012). Information use in online civic discourse : A study of health care reform debate. library trends, 60(3), 497-521.
- Reboul, Olivier , La rhétorique, puf, Paris.
- Rothenberg, I. F., & Berman, J. S. (1980). College debate and effective writing : An argument for debate in the public administration curriculum. Teaching Political Science, 8(1), 21-39.
- Srnicek, N. (2017). Platform capitalism. John Wiley & Sons.
- Virginia Shea(1994). Core rules of netiquette. Netiquette (Online ed., pp. 32-45). San Francisco : Albion Books.
- Wallas, G. (1926). The art of thought. J. Cape : London.
- Weiser, M. (1991). The computer for the 21st century, Scientific American, 265(3), 94-104.

인터넷 사이트

- https://band.us/home
- https://calendly.com/
- https://casel.org/
- https://cloud.naver.com
- https://explore.zoom.us/ko-ko/meetings.html

- https://meet.google.com/
- https://news.naver.com/main/read.nhn?mode=LSD&mid=sec&sid1=101&oid=008&aid=0002546140
- https://support.google.com/a/users/answer/9300131
- https://support.google.com/a/users/answer/9948896
- https://terms.naver.com/entry.nhn?docId=1125567&cid=40942&categoryId=32167
- https://terms.naver.com/entry.nhn?docId=1285766&cid=40942&categoryId=31606
- https://trello.com/home
- https://xn--3e0bx5euxnjje69i70af08bea817g.xn--3e0b707e/jsp/business/application/learn/netiquette.jsp
- https://www.cisco.com/c/m/ko_kr/products/conferencing/webex-meetings/free-offer.html?ccid=cc001228&oid=sowco020682&gclid=CKnBg73x0e4CFQodvAods5ACJQ&gclsrc=ds
- https://www.dropbox.com
- https://www.entrepreneur.com/article/219437
- https://www.kakaowork.com
- https://www.microsoft.com/ko-kr/microsoft-teams/group-chat-software
- https://www.notion.so/product
- https://www.snapsurveys.com/blog/5-reasons-feedback-important/
- https://www.statista.com/statistics/276623/number-of-apps-available-in-leading-app-stores/#:~:text=What%20are%20the%20biggest%20app,million%20available%20apps%20for%20iOS.
- https://www.toggl.com
- https://www.youtube.com/watch?v=149Ku_hZDzk&feature=emb_title

미주

1) Srnicek, N. (2017). Platform capitalism. John Wiley & Sons.
2) 조용호(2011). 플랫폼 전쟁. 북이십일 21세기북스.
3) 윤상진, 깜냥(2012). 플랫폼이란 무엇인가?. 한빛비즈,
4) 마셜 밴 앨스타인, 상지트 폴 초더리 외 1명, 이현경(역)(2017). 플랫폼 레볼루션. 부키.

5) 양경욱(2020). 플랫폼 경제와 문화산업: 만화산업의 플랫폼화와 웹툰 작가의 자유/무료노동. 노동정책연구, 79-106.
6) 양경욱(2020). 상게서
7) 이경원, 채정화, 이영주(2017). 플랫폼 중립성 정책개발 기반 연구. 한국인터넷진흥원.
8) 이금노, 서종희, & 정영훈. (2016). 온라인플랫폼 기반 소비자거래에서의 소비자문제 연구. 정책연구보고서, 1-307.
9) 양경욱(2020). 상게서
10) 김종진(2020). 디지털 플랫폼노동 확산과 위험성에 대한 비판적 검토. 경제와사회, 296-322.
11) 김종진(2020). 상게서
12) 김철식, 장귀연, 김영선, 윤애림, 박주영, 박찬임, 홍석만(2019). 플랫폼노동종사자 인권상황 실태조사. 국가인권위원회.
13) Weiser M.(1991). The computer for the 21st century, ScientificAmerican, 265(3), 94-104.
14) Kim M.(2016). Analysis of Factors Affecting on Mobile Video Services' Satisfaction, Journal of the Korea Contents Association, 16(5), 35-45
15) 나준규, 김동연(2020). 상게서
16) 양경욱(2020). 상게서
17) 양경욱(2020). 상게서
18) 최병삼(2012). 가치창출 틀 플랫폼, 다원화 혁명 이끈다. DBR: Platform Leadership, Issue2, (103).
19) 디지털타임스(2020)., '산업 경계 허무는 플랫폼 비즈니스… 2025년 60억 달러'
20) 조혜정(2020). 플랫폼 경제 국내외 현황 코로나19로 인한 디지털 기반 비대면 경제 확산으로 - 플랫폼 통한 기업-소비자 상호작용 가속화 전망. 부산발전포럼, 21.
21) https://www.statista.com/statistics/276623/number-of-apps-available-in-leading-app-stores/#:~:text=What%20are%20the%20biggest%20app,million%20available%20apps%20for%20iOS.
22) Srnicek, N(2017) ibid
23) 김승남, 주종웅(2014). 원격근무의 정의, 현황, 그리고 전망. 정보화정책, 21(2): 89-110.
24) 김용섭(2020). 언커넥트. 퍼블리온.
25) 양인숙, 문미경(2011) .기업의 유연근무제 도입 실태 및 활성화 방안. 한국여성정책연구원.

26) https://news.naver.com/main/read.nhn?mode=LSD&mid=sec&sid1=101&oid=008&aid=0002546140
27) https://brunch.co.kr/@seancheon/3
28) https://explore.zoom.us/ko-ko/meetings.html
29) https://meet.google.com/
30) https://www.cisco.com/c/m/ko_kr/products/conferencing/webex-meetings/free-offer.html?ccid=cc001228&oid=sowco020682&gclid=CKnBg73x0e4CFQodvAods5ACJQ&gclsrc=ds
31) https://www.microsoft.com/ko-kr/microsoft-teams/group-chat-software
32) https://biz.gooroomee.com/
33) https://support.google.com/a/users/answer/9300131
34) https://support.google.com/a/users/answer/9948896
35) https://terms.naver.com/entry.nhn?docId=1285766&cid=40942&categoryId=31606
36) https://www.kakaowork.com
37) https://band.us/home
38) https://only.webhard.co.kr/
39) https://cloud.naver.com
40) https://www.dropbox.com
41) Deci, E. L. (1971). Effects of externally mediated rewards on intrinsic motivation. Journal of personality and Social Psychology, 18(1), 105-115
42) 남예은, 이명진, & 이윤형. (2020). 피드백과 메타인지가 논리적 추론 시 신념 편향에 미치는 영향. 인문논총, 53, 151-169.
43) Arkes, H. R., Dawes, R. M., & Christensen, C. (1986). Factors influencing the use of a decision rule in a probabilistic task. Organizational behavior and human decision processes, 37(1), 93-110.
44) Moores, T. T., & Chang, J. C. J. (2009). Self-efficacy, overconfidence, and the negative effect on subsequent performance: A field study. Information & Management, 46(2), 69-76.
45) 남예은, 이명진, 이윤형(2020). 상게서.
46) Griffiths, B., & Beierholm, U. R. (2017). Opposing effects of reward and punishment on human vigor. Scientific reports, 7, 42287.
47) 쉬쉔장(2018). 하버드 첫 강의 시간관리 수업, 리드리드출판.

48) https://www.toggl.com
49) https://calendly.com/
50) https://trello.com/home
51) https://www.notion.so/product
52) 현희(2013). 대학교 어학수업에서의 상호문화지역학 - 에티켓을 중심으로. 외국어로서의 독일어, 32, 203-231.
53) https://terms.naver.com/entry.nhn?docId=1125567&cid=40942&categoryId=32167
54) 한림학사(2007). 통합논술 개념어사전. 청서.
55) https://xn--3e0bx5euxnjje69i70af08bea817g.xn--3e0b707e/jsp/business/application/learn/netiquette.jsp
56) Virginia Shea(1994). Core rules of netiquette. Netiquette (Online ed., pp. 32-45). San Francisco: Albion Books.
57) https://www.youtube.com/watch?v=149Ku_hZDzk&feature=emb_title
58) 나은미(2007). 성인화자의 말하기 평가 방법: 효과적인 프레젠테이션의 조건 및 평가에 대한 고찰, 화법연구 11, 35-66.
59) 황혜진, 조계숙(1998). 효과적인 프리젠테이션에 관한 연구, 비서학논총 7(1), 125-142.
60) 김윤정(2020). 공감 프레젠테이션 교육 내용 연구. 문화교류와 다문화교육 (구 문화교류연구), 9(5), 351-376.
61) Neta, M. & P. Whalen. (2010). The Primacy of Negative Interpretations When Resolving the Valence of Ambiguous Facial Expressions, Psychological Science, 21(7) , 901~907.
62) 김윤정(2020). 상게서
63) Wallace, Graham(1926). The art of thought. J. Cape: London.
64) 제임스 웹, 신인섭(역)(2014). 아이디어를 내는 방법, 커뮤니케이션북스.
65) 윌리엄 베노이트, 파멜라 베노이트 저, 이희복, 정승혜 역, 설득 메시지 그는 어떻게 내 마음을 바꾸었나?, 커뮤니케이션북스, 2010.
66) 윌리엄 베노이트, 파멜라 베노이트 저(2010), 상게서.
67) Mehrabian, A. (2017). Nonverbal communication. Routledge: New York.
68) Austin J. Freeley, (1996). Argumentation and debate. Cengage Learning, 3.
69) Olivier Reboul, La rhétorique, puf, Paris, 66.
70) 스티븐 E. 툴민, 고현범, 임건태 외 1명(역)(2006). 논변의 사용. 고려대학교출판부.

71) O'Connor, L., & Rapchak, M. (2012). Information use in online civic discourse: A study of health care reform debate. library trends, 60(3), 497-521.
72) ARISTOTE, Rhétorique, Gallimard, Paris, 1998.
73) Simons, H. W., & Jones, J. (2011). Persuasion in society. Taylor & Francis.
74) Bettinghaus, E. P., & Cody, M. J. (1994). Persuasive communication (No. 303.342 B56p). New York, US: Holt, Rinehart and Winston.
75) 로버티 치알디니 저, 황혜숙 역(2019). 설득의 심리학, 21세기북스.
76) Francis Balle, (1998). Dictionnaire des Médias, Larousse, Paris.
77) 박성복, 황하성. (2007). 온라인 공간에서의 자기노출, 친밀감, 공동 공간감에 관한 연구. 한국언론학보, 51(6), 469-494.
78) Amaghlobeli, N. (2012). Linguistic features of typographic emoticons in SMS discourse. Theory and Practice in Language Studies, 2(2), 348.
79) 김아라, 한정희(2012). 인스턴트 메신저의 "이모티콘" 찾기에 관한 연구, 한국HCI학회 학술대회, 436-437.
80) 홍숙영(2014). SNS 토론에 나타난 논증구조와 SNS 토론의 특징-네이버 밴드를 활용한 모바일토론을 중심으로. 예술과 미디어, 13(2), 157-174.
81) http://ccl.cckorea.org/about/